우리 아이
영어 영재로
키우는 법

우리 아이
영어 영재로 키우는 법

초 판 1쇄   2020년 11월 25일

지은이 박수경
펴낸이 류종렬

펴낸곳 미다스북스
총괄실장 명상완
책임편집 이다경
책임진행 박새연 김가영 신은서 임종익

등록 2001년 3월 21일 제2001-000040호
주소 서울시 마포구 양화로 133 서교타워 711호
전화 02) 322-7802~3
팩스 02) 6007-1845
블로그 http://blog.naver.com/midasbooks
전자주소 midasbooks@hanmail.net
페이스북 https://www.facebook.com/midasbooks425

ISBN 978-89-6637-874-6 03590

값 **15,000원**

미다스북스는 다음세대에게 필요한 지혜와 교양을 생각합니다.

아이와 함께 뛰는 엄마의 좌충우돌 영어육아 에세이

우리 아이 영어 영재로 키우는 법

박수경 지음

미다스북스

모든 아이는
영어 영재가 될 수 있다

우리가 한국에서 모국어를 사용하면서 영어를 잘하려면 어떤 방법이 있을까? 아이마다 다르지만 영어를 일찍 시작해야 한다는 것은 많은 학부모님들이 동의할 것이다. 나도 그런 사람 중의 하나였다. 영어는 마라톤과 같다. 100m 달리기처럼 단시간으로 끝나지 않는다. 적당한 호흡과 일정한 속도로 인내심을 가지고 달려야 한다. 식지 않는 열정만이 마라톤 경기를 완주할 수 있다. 모든 언어는 장기간에 걸쳐 자연스럽게 스며드는 것임을 잊어서는 안 될 것이다.

"가난한 집안에서 태어났다고 하여, 그 가난으로 배움을 포기해서는 안 되고, 부유한 집에서 태어났다고 하여, 부를 믿고 배움을 게을리해서는 안 된다(가약빈 불가인빈이폐학 가약부 불가시부이태학, 家若貧 不可因貧而廢學 家若富 不可恃富而怠學)."

『명심보감』에 나오는 내용이다. 즉, 내가 어떤 환경에 처해 있더라도 늘 배워야 한다는 뜻이다. 영어를 비롯한 외국어도 마찬가지이다. 영어는 누구에게나 공평하다. 집이 부유하다고 해서 영어를 저절로 잘하게 되는 것이 아니며, 집이 가난하다고 해서 영어를 못 배우는 것이 아니다. 물론, 환경에 따라 차이는 있지만 마음먹기에 따라 누구나 영어 환경을 만들 수 있다. 영어 환경을 만들어주는 사람이 있다면 그 아이는 행복한 아이다.

나는 우리 아이들이 영어 환경에 노출될 수 있도록 최선의 노력을 다했다. 아이가 영어 유치원에 다녔기 때문에 원어민 선생님을 우리 집으로 초대해서 저녁을 같이 먹고 이야기했으며, 우리 집에서 미국 원어민 선생님과 3박 4일 홈스테이를 하면서, 아이들이 자연스럽게 영어에 노출되도록 노력했다. 그랬더니 정말 놀랍게 우리 딸이 영어에 서서히 재능을 보이기 시작했다. 모든 부모가 그렇듯이 자기 자녀가 어느 한 분야에 두각을 나타내면 자랑스럽다. 그리고 대견하고 뿌듯하다.

영어를 잘하는 아이로 키우는 것은 전적으로 부모에 달렸다고 해도 과언이 아니다. 왜냐하면 아이는 부모의 거울이기 때문이다. 그런데 잊으면 안 되는 것이 있다. 어느 정도 아이들을 기다리고 참아줘야 하는데 참거나 기다리지 못하고 아이에게 못 할 소리를 하는 부모들이 많이 있는 것 같다. 그로 인해 아이들이 마음에 상처를 받아서 영어를 싫어하는 아이가 될 수도 있다. 이런 일은 절대로 일어나서는 안 된다.

나에게 상담하러 오는 학부모들도 가끔 이런 이야기를 하곤 한다. 자녀가 영어를 너무 싫어해서 걱정이라고. 그런데 처음부터 그런 것은 아니었다고 한다. 처음에는 영어를 잘했는데 갈수록 영어를 싫어하게 되었다고 한다. 그럼 반드시 싫어하게 된 이유가 있을 것이다. 그 이유는 짐작했을 수도 있다. 부모가 푸시를 많이 했거나 아이가 많은 양의 영어 공부를 재미와 흥미 없이 스트레스로 받아들였기 때문이다.

지혜로운 부모라면 아이의 수준에 맞게 영어 학습 방법을 선택해야 한다. 아이가 어리면 아직 문법 공부를 하기에는 적당하지 않다. 저학년이라면 영어책 읽기와 듣기 위주로 영어를 학습해야 한다. 고학년으로 갈수록 문법 공부를 하며 기초를 단단히 세워야 한다.

아이들이 계속 즐겁게 영어를 배우면 좋겠지만 중학생이 되면 입시영어를 해야 하는 것이 현실이다. 우리 아이들도 어느덧 중학생이 되었다. 이제는 입시영어를 하며 시험 준비를 한다. 그렇다고 문법만 공부하는 것은 아니다. 영어로 된 소설, 『해리포터』를 비롯해 여러 가지 다양한 영어책을 읽고 있다. 이렇게 아이들이 자라는 것을 보니 시간이 참 빠르게 지나가는 것을 느낀다. 그리고 밝고, 예쁘게 자라는 아이들에게 감사하다.

책을 쓰면서 혼자 있는 시간이 많았다. 그러나 결코 외롭지 않았다. 부족한 나를 응원해주고 이해해준 고마운 사람들이 많았기 때문이다. 『우리 아이 영어 영재로 키우는 법』을 쓰는 데 도움을 주신 〈한책협〉의 김태광 대표님과 권마담님께 깊은 감사를 드린다. 그리고 멋진 원고를 위해 힘써주신 미다스 북스 직원분들께도 감사의 마음을 전한다.

아내로서의 소홀함과 엄마로서의 미안함도 잠시 접어둘 수 있도록 기꺼이 허락해준 사람, 나의 꿈을 응원하고 모든 지원을 아끼지 않는 평생의 꿈 친구 남편에게 항상 고맙고 존경한다고 말하고 싶다. 바쁜 엄마 때문에 늘 채워지지 않는 빈자리에도 불구하고 환한 미소로 기운을 주는 사랑하는 딸, 출판사와 계약을 맺었을 때 직접 생크림 케이크를 만들어서 축하해준 나의 천사 혜리, 지만이에게 고마움을 전한다. 기도로 응원해준 언니와 동생에게도 무한한 애정의 마음을 전한다.

마지막으로 이 세상에서 내가 제일 존경하는 엄마에게 엄마의 딸로 태어나서 감사했고, 행복했다고, 그리고 사랑한다고 전하고 싶다. 철없는 둘째 딸을 위해 지금도 새벽마다 기도하시는 믿음의 기도를 통해 모든 어려움을 이겨낼 수 있었다. 그리고 한없는 사랑을 주시는 시부모님께 감사와 존경을 전한다.

책을 쓰기로 결심한 그 순간부터 하나님께서 늘 나와 함께 하셨다. 매 순간 동행하시고 위로하시고 축복해주셨다. 그래서 이 책을 집필할 수 있었다. 그리스도 안에서 모든 원하는 것은 익은 곡식임을 알기에 나는 미래를 내다보고 현재를 걸어가는 사람이 될 수 있었다. 이 책으로 받게 될 영광이 있다면 모두 하나님께 돌린다.

CONTENTS

PART 4.   우리 아이가 영어 영재가 된 8가지 비결

PART 5.   1%의 영재는 99%의 노력으로 만들어진다

PART 1.

우리 아이 영어 영재로 키우는 법

CHAPTER 01

취학 전 우리 아이 영어
어떻게 해야 하나요

영어는 글로벌 언어이다. 세계 공용어이기 때문에 남녀노소 누구나 영어를 잘하고 싶어 한다. 한국사회에서 영어를 잘한다는 것은 성공했다는 의미이기도 하다. 왜냐하면 대학 들어갈 때도 대기업 입사할 때도 영어로 인터뷰를 한다. 사람들은 너 나 할 것 없이 영어 스펙 쌓기에 열을 올리고 있다.

한국에 태어난 이상 영어를 공부해야 하는 것은 피할 수 없는 현실이다. 특히 좋은 학교 입학을 위해서 배우는 입시영어는 초등 고학년부터 시작되는 것이 현실이다. 아이들은 오랜 시간 영어에 투자하게 된다.

입학 전 학부모들은 어떻게 영어를 공부해야 할지 몰라서 나에게 상담전화를 하기도 한다. 얼마 전 학부모에게 전화가 왔다.

"이제 7살 되는 아이이고, 영어는 유치원에서 주 2회 수업하는 것이 다입니다. 집에서는 아무것도 안 하고 있는데… 당장 내년에 초등학교를 간다고 생각하니 앞이 깜깜해지더라구요. 어떻게 영어 공부를 해야하는지 알려주세요."

나는 아이와 함께 온 엄마에게 상담을 해주고 아이에게 맞는 학습 플랜을 짜주었다.

"당신의 아이는 영어를 유창하게 잘하나요?"라는 질문에 대부분의 엄마들은 이 물음에 긍정적인 대답을 하지 못한다. 나 역시, 이 물음에 시원하게 대답하지 못하는 엄마였다. 그래서 아이가 영어를 잘하는 방법은 무엇인지 고민하기 시작했다.

어느 날 TV를 보다가 배우 김남주를 보게 되었다. 그녀는 아이들을 영어 유치원에 보내는데, 메이센이라는 영어 프로그램으로, 4~7세 유아에게 맞는 놀면서 배우는 학습 방식이었다. 난 이 메이센 영어가 너무 맘에 들었다. 왜냐하면 아이들이 단어나 문장을 외우지 않고도 재미있게 신체 언어로 배우

우리 아이 영어 영재로 키우는 법

기 때문에 모국어처럼 영어를 습득할 수 있는 정말 좋은 프로그램이었다.

메이센 영어 프로그램은 40년 전에 일본에서 미국 선교사 부부가 자신의 아이들을 보낼 학교가 마땅치 않아서 만들어낸 교육 프로그램이다. 메이센 영어 열풍은 한국으로 넘어와서 서울, 경기, 부산, 대구 등에 지사를 두고, 유아 영어에 관심 있는 부모들에게 널리 퍼지기 시작했다. 한국 엄마들의 교육 열정은 세계에서 인정받는다.

나도 극성 엄마 중 하나였다. 나는 우리 아이들에게 메이센 영어 프로그램으로 영어를 가르치고 싶었다. 자식에게 나이에 맞는 좋은 교육 방식으로 가르쳐주고 싶은 것은 다 같은 부모 마음일 것이다. 하지만 내가 사는 동네는 영어 유치원이 없었다. 그런데 딸아이가 6살이 되자 우리 동네에 메이센 영어 유치원이 들어온 것이다. 정말 꿈만 같았다. 경제적으로 부담이 되었지만 난 아이들의 미래를 위해 연년생 5, 6살인 아들딸을 KCIS 영어 유치원에 보내게 되었다. 그러면서 딸아이는 유창하게 영어를 잘하기 시작했다.

원어민 선생님은 미국에서 온 선교사 부부였는데 당시 회원수가 많지 않았기 때문에 우리는 더 많은 시간을 선생님과 함께 보내게 되었다. 난 미국 원어민 부부 선생님인 레이첼과 피터를 우리 집 저녁 식사에 초대했다. 한국 전통 음식을 대접하고 싶었기 때문이다. 내가 잘하는 불고기와 잡채, 디저트를 준비해 즐거운 시간을 보냈다. 그러면서 나의 영어회화 실력도 조금씩 늘고 있었다. 외국인과 대화하는 시간이 기다려지곤 했다.

우리 아이들이 유치원을 다닐 때 메이센 영어 프로그램은 정말 즐겁고 재미있었다. 유아들에게 맞는 프로그램인 것이다. 유치원에서 배운 내용은 DVD, CD로 매일 반복해서 듣고 생활했다. 한 번은 유치원에서 대회가 있었다. 메이센 4~6단계까지의 스토리텔링 대회였다.

우리 딸이 정한 스토리텔링은 레벨 4에 나오는 거미아줌마이다. 내용은 매력적인 거미가 메뚜기를 잡아먹으려고 함께 거미줄에서 춤추며 놀자고 했을 때 메뚜기가 정신차리고 탈출하는 이야기이다. 이 스토리텔링 대회에서 딸은 당당히 1등을 해서 장학금을 받았다. 그때부터 매일 영어 동화책을 읽어주고, CD와 DVD를 틀어주는 것에 익숙해졌다. 습관을 바꾸면 운명이 바뀐다고 했던가. 아이들은 잘 따라와주었고 나 또한 재미있게 즐기며 함께 활동을 이어나갔다. 성장해가는 모습을 볼 때마다 나의 영어교육 방법이 아이의 수준에 맞다고 생각했다.

지인이 영어책은 언제부터 읽어줘야 하냐고 물어본 적이 있다. 난 우리 아이들이 어렸을 때부터 아주 쉬운 챕터북이나 CD가 달린 쉬운 영어 동화를 읽어주었다. 가장 쉬운 것부터 CD로 먼저 내가 들어보고 아이들에게 영어책을 읽어주었더니 흥미를 가졌다. 아이들은 일단 엄마가 읽어주면 다 좋아하는 것 같다.

특히 아이들이 자기 전에 책을 읽어주면 더 효과가 좋다고 한다. 그럼 잠들기 전에 책을 읽어야 하는 이유는 무엇일까? 우리는 잠을 자면서 이런저런 꿈을 꾼다. 하지만 아침에 잠에서 깨면 어떤 꿈을 꾸었는지 전혀 기억이 나지 않을 때가 있다. 반면, 생생하게 기억 나는 꿈도 있다. 그것은 하루 동안 염려되거나 고민이 되는 심각한 문제들을 안고 잠이 들었을 때다.

나는 어린 시절, 시험에 대한 걱정과 새로운 환경에 대한 불안이 컸다. 중요한 시험 전날에는 제대로 잠을 잘 수 없었고, 어김없이 시험지를 빼앗기거나 백지 상태의 답안지를 내는 꿈을 꾸곤 했다. 이를 통해 잠들기 전 자신에게 일어나는 일에 대한 생각의 깊이에 따라 수면 중에 일어나는 일에 차이가 있다는 것을 알았다. 『몰입』의 저자 황농문 교수는 다음과 같이 말한다.

"몰입적 사고의 위력은 바로 수면 상태에서 고도로 활성화된 장기기억을 활용한다는 데 있다."

책에 따르면 몰입 상태가 되면 잠을 자면서도 주어진 문제에 대해서 계속 생각하게 된다고 한다. 몰입 사고를 하면 자는 동안에도 문제 해결에 대해서 생각하게 되고, 뇌는 고도로 활성화된다. 장기기억에 작용하고, 문제해결 능력과 아이디어가 샘솟게 되는 것이다. 이에 반해, 몰입 상태가 아니라면 자는 동안 활성화된 뇌를 활용할 수 없다.

영어책 읽기의 최적 시기란 없으며 다만 모국어인 한국어 읽기가 어느 정도 자리잡힌 후에 시작해도 늦지 않다는 것이 내 생각이다. 다만 개인적인 경험으로 볼 때 일찍 시작하면 한국어든 영어든 언어를 크게 가리지 않고 두 언어를 자연스럽게 받아들이기 쉽다는 장점이 있는 것 같다. 반면 나이가 들고 학년이 올라갈수록 학교의 내신과 입시를 위한 영어 공부를 생각하지 않을 수 없기 때문에 현실적으로 영어를 충분히 보고 듣거나 영어책 읽기를 즐기는 것이 어렵다.

영어를 정말 잘한다고 인정받는 방법으로 토익, 토플 시험 등이 있지만 스피킹 대회에서 우승하는 것도 영어를 잘한다고 공식적으로 인정받는 방법이다. 그리고 스피킹 대회에서 우승하면 트로피와 장학금, 미국 선발 증서를 받는 대회가 있다. 난 후자를 선택했다.

우리 딸은 서울로 스피킹 대회를 나가고 싶어했다. 대회 출전 스피치 발언 시간은 2분 30초였다. 심사위원 4명 모두 외국인이고 전국에서 잘하는 아이들이 오는 공신력 있는 스피킹 대회였다. 유치부, 초등부, 중등부, 고등부, 대학부, 일반부가 있었다. 딸은 4학년끼리 스피킹 대회를 치루었다. 하지만 초4 때 대회에서 아쉽게 1점이 모자라서 최고상을 받지 못하고 우수상으로 만족해야 했다. 집으로 돌아온 딸은 나에게 이렇게 말했다.

"엄마, 나 영어 잘하고 싶어요. 필리핀으로 1년만 어학연수 보내주세요. 지금 제 실력으로는 서울 애들 이기지 못해요. 1년 후에 다시 나가서 꼭 최고상 받아올게요."

이렇게 말하는 딸의 꿈을 깨고 싶지가 않았다. 딸은 간절히 원하고 있었다. 난 딸의 말을 믿었다. 난 그날부터 정보를 알아보고 조언을 구하고 어학연수

다녀온 혜리 친구 엄마에게 이것저것 물어봤다.

　남편과 상의를 한 후 10년 든 펀드를 깨고 딸은 초등학교 5학년 때 홀로 필리핀 ESL 코스 1년 유학을 가게 되었다. 딸을 유학 보낸 후 나도 서울 스피킹 대회 준비를 했다. 딸과 함께 출전하기로 약속했기 때문이다. 딸에게 자랑스런 엄마가 되고 싶었다. 나도 최고상을 받기 위해 주말마다 3시간씩 연습했다.

　1년 후 귀국한 딸은 6학년 때 2018년 12월 1일 국회의사당에서 열린 스피킹 대회에서 기적적으로 딸은 초등부 6학년 최고상, 나는 일반부 최고상을 받았다. 우리는 모녀가 처음으로 미국 선발 증서를 동시에 받게 되었다. 우리는 기쁨의 눈물을 흘리며 감사 기도를 했다.

　딸은 모험을 좋아하는 나를 닮아서 그런지 열정적인 성격의 소유자다. 지금은 친구처럼 지내며 얘기하고 있다. 꿈을 향해 분명한 목표를 세우고 실행하면 반드시 꿈은 이루어진다.

아이가 일어날 때 엄마들은 아이를 기분 좋게 말하며 깨운다. 그런 아이는 행복하게 기지개를 쭉 켜고 일어난다. 그러면서 기분 좋은 아침을 맞이한다. 처음에는 어색하지만 사용하다 보면 어느새 익숙해져서 쉽게 아이들과 영어로 말할 수 있다. 도전해보기 바란다.

Good morning!

안녕.

Did you sleep well?

잘 잤니?

Yes, I slept well.

네. 잘 잤어요.

Stretch your arms.

기지개를 쭉 켜봐.

Get some more sleep.

좀 더 자렴.

CHAPTER 02

영어 동요로
하루를 시작하라

"당신의 하루는 무엇으로 시작하는가?"라는 질문에 여러 가지로 대답할 수 있다. 어떤 이는 책을 읽는 것으로 하루를 시작하고, 어떤 이는 운동으로 하루를 시작하고, 어떤 이는 음악을 듣는 것으로 하루를 시작한다. 난 음악 듣는 것으로 하루를 시작했다.

나는 우리 아이들이 어렸을 적부터 클래식 음악이나 영어 동요 CD를 틀어놓고 생활하는 것을 일상으로 즐겼다. 대학 시절에 피아노를 전공했고, 부전공으로 바이올린, 성악 등을 공부해서 아이들에게 피아노 곡 말고도 좋은 음악을 다양하게 들려줄 기회가 많았기 때문이다.

뮤지컬 마니아였기 때문에 뮤지컬 OST를 아이들에게 들려주는 것도 어려운 일이 아니었다. 그리고 아이들과 함께 피아노 치면서 CCM, 찬송가, 팝페라, 영어 동요 등을 같이 많이 불렀다. 그중에서도 팝페라나 유명 뮤지컬의 테마곡은 영어로 된 가사가 많아서 자연스럽게 아이들을 영어 노래에 노출시킬 수 있었다.

딸은 노래 중에서도 〈Over The Rainbow〉를 좋아하고 곧잘 따라 불렀다. 나도 피아노를 치면서 아이들과 같이 노래를 불렀다. 영화, 애니메이션 주제곡도 많이 불렀다. 앤드류 로이드 웨버의 뮤지컬 〈캣츠〉의 〈Memory〉도 많이 불러주었던 곡이다.

영어를 잘하려면 영어에 노출이 많이 되어 있어야 한다. 나는 그런 환경을 만들기 위해 영어 유치원에 우리 아이들을 보냈다. 그 당시 남편 혼자 수입으로는 아이 2명을 영어 유치원에 보내기 빠듯한 형편이었지만 오직 믿음 하나로 아이 2명을 영어 유치원에 보냈다. 나는 아이들의 영어교육은 조기에 해야 한다는 확고한 나만의 철학이 있었다.

피아노도 다른 악기도 어릴 적부터 하면 훨씬 더 유리하기 때문이다. 우리

우리 아이 영어 영재로 키우는 법

아이들은 KCIS 영어 유치원에 다녔다. 그곳에서 아이들은 메이센 영어 프로그램을 통해 정말 행복하게 영어를 배웠다. 원장님과 부원장님은 어떻게 하면 아이들을 잘 가르칠까 학부모들과 소통을 많이 하셨다.

다른 사람들은 그렇게 말할 수도 있다. 돈 귀한 줄 모르고 돈을 막 쓰는 여자, 돈을 아껴 쓰지 못하고 남편 등골 빼는 여자 등등. 그런 말은 아무리 들어도 내겐 상관없는 말, 귀에 들어오지 않는 말이었다. 아이들의 영어 유치원 입학에 대한 나의 교육관은 흔들리지 않았다.

특히, 둘째 아이는 선천성 백내장 진단을 받아 5세 전까지 왼쪽 눈에 대수술을 4번이나 받았다. 수술한 후로 나는 아들을 5살부터 영어 유치원에 더 보내고 싶었다. 왜냐하면 눈가림 치료를 위해서 하루에 6시간 동안 잘보이는 오른쪽 눈에다 아이패치를 붙여서 안 보이는 왼쪽 눈으로 세상을 바라봐야 했기 때문에 아이들이 적은 특수 유치원에 보내고 싶었다.

그 당시 일반 어린이집이나 유치원은 한 반에 아이들이 15~20명이었다. 지만이는 5명이 정원인 영어 유치원에 입학했다. 너무 감사했다. 난 지만이에게 특별한 선물을 주고 싶었다. 그것이 지만이에 대한 사랑 표현이었다.

그 당시 누나가 6세였기 때문에 지만이와 함께 유치원에 갈 수 있어 참으로 좋았다. 지만이를 잘 챙겨주는 엄마 같은 누나였기 때문이다. 지금 글을 쓰며 아들에게 물어보니까 그 당시 누나가 많이 도와줬다고 한다. 지금도 많이 도와주지만 말이다.

그런데 지만이가 유치원 생활이 그렇게 좋았던 것만은 아니라고 한다. 이유를 물어보니 왼쪽 눈으로만 세상을 보니까 지나가다 부딪치고 넘어지고 계단에서 발을 헛디뎌서 굴러서 다친 적도 몇 번 있었다고 한다. 엄마에게 왜 말을 하지 않았냐고 물어보니까 엄마가 슬퍼서 울까 봐 말을 안 했다고 한다. 지난 일이지만 5살짜리가 그렇게 생각했다는 것이 마음 한 구석이 찡하게 저려온다.

지금도 난 KCIS 원장님 내외 두 분을 존경한다. 아이들을 항상 사랑으로 대하셨다. 그리고 유아 영어에 더 필요한 것이 뭐가 없나 나에게 자문을 구하기도 하셨다. 당시 원어민 교사로 왔던 미국 선교사 부부 피터와 레이첼에게도 감사하다. 그들은 젊은 나이인 24살, 25살에 한국에 왔는데 음식이 잘 맞지 않고 여러 가지로 고생도 많이 했다. 그래도 아이들에 대한 사랑이 많아서 아이들의 나이에 맞는 영어 동요 함께 부르기, 영어 동화 읽어주기, 영어로 게임하기 등등 수업 시간 외에 많은 활동을 함께해주셨다. 특히 지만이를 무등 태워서 같이 신나게 놀아주셨다. 아이들은 유치원에 갔다 오면 즐거워했다. 유치원에서 배운 영어 동요를 부르면서 신나게 놀았다.

나는 아침에 일어나자마자 습관처럼 메이센 영어 CD를 틀고 9시에 유치원 갈 준비를 했다. 그중에서도 아이들이 많이 부른 영어 동요는 〈Jack-O'lantern〉, 〈Washing Machine〉, 〈Indian Song〉 등이다. 다들 아는 노래지만 우리 아이들은 율동까지 하면서 재미있게 따라 불렀다. 나는 연년생 딸, 아들의 엄마였기 때문에 일은 하지 않고 아이들만 양육했다. 그 시간을 회상해보면 지금도 정말 최고의 시간이라고 생각한다. 아이들이 성장하는 모습을 내 눈으로 봐서 행복감이 더 컸던 것 같다. 아이들 둘을 보느라 지치고 힘들 때도 있었지만 소중한 아이들의 성장과정을 모두 체험할 수 있어 감사하다.

딸아이는 영어 동요뿐만 아니라 일반 동요도 좋아해서 동요를 따라 부르고 율동하며 우리에게 항상 기쁨과 소망을 주었다. 지금도 그 어린 시절 영어 동요 부르는 동영상이 있어서 얼마나 감사한지 모른다. 딸과 아들은 하나님이 나에게 주신 가장 귀한 선물이다.

그날도 아침부터 난 영어 CD를 틀고 아이들과 유치원 갈 준비를 하고 있었다. 특히 체험학습이 있는 날이라서 동요 부를 시간도 없었다. 그런데 속상한 일이 있었다. 둘째 아이가 5살 때 눈가림 치료를 하고 있을 때였다. 당시 치료 과정이 하루에 6시간씩 아이패치를 붙이는 것이었다. 난 아침에 아들 오른쪽 눈에 아이패치를 붙이고 하원하면 떼주었다. 그날 체험학습을 갔다가 사진을 많이 찍었는데 아들의 눈이 팬더처럼 보이는 사진이 대부분이었다.

다른 아이들은 밝게 웃고 있는 모습이었다. 그래서 그날은 이상하게 더 속상했다. 난 눈물이 났다. 그리고 순간 죄책감에 사로잡혔다. 엄마인 나의 눈에만 그렇게 가슴이 짠하게 보였나 보다 생각하고 원장님에게는 말하지 않았다.

유치원 친구들이 아들을 놀리지 않고 친하게 잘지내준 것이 고마울 뿐이다. 아들이 유치원을 다니면서 친구들에게 손가락질을 한 번도 안 받은 것이 가장 큰 행운이라고 생각한다. 아이들이 '그냥 우리랑 좀 다른 애구나.'라고 받아들여줘서 정말 감사했다. 난 오늘도 팝송을 들으며 글을 쓰고 있다.

지금 중학생인 아들은 안과에서 8년 치료하고 완치 판단을 받아서 왼쪽 시력이 0에서 0.5까지 시력이 좋아졌다. 안과 교수님은 거의 기적과 같은 일이라고 말씀하셨다. 난 8년 동안의 치료 과정을 잘 견뎌준 아들이 정말 자랑스럽다. 그리고 언제나 그랬듯이 든든한 후원자가 되어줄 것이다.

내가 받은 '국회의사당 영어 스피치 최고상(미국 선발 증서 받음)'은 바로 아들의 눈 치료과정을 영어 스피치로 말한 것이다. 언제든 기회가 주어진다면 영어로 스피치할 수 있다. 연락을 주시면 상담해드리겠다.

우리 아이 영어 영재로 키우는 법

CHAPTER 03

우리 아이는
아침이 즐겁다

나는 아침에 일어나면 습관적으로 음악 CD를 틀었다. 주로 내가 좋아하는 음악을 들었다. 그러나 점점 시간이 지남에 따라 아이들을 위한 어드벤쳐 피아노 CD를 많이 들었다. 그중에서도 쉽게 나온 피아노 동요곡집이라든가 반주법 위주로 나온 피아노 곡 CD를 들었다. 난 아이들의 음악성을 키워주고 싶었다. 들은 곡은 아침에 바로바로 피아노 레슨을 해주었다. 조그만 손가락으로 잘 따라오는 아이가 참 예뻤다.

엄마가 선생님이다 보니 아이들을 가르치다 화가 날 때도 있었다. 하지만

이를 꽉 물고 참아야 한다고 혼자 다짐하며 심호흡을 하고 마음을 진정 시킨 뒤 다시 레슨을 하곤 했다. 아이들의 음악성이 이때부터 조금씩 나타나기 시작했다. 큰아이가 1학년 때부터 학교 가기 전에 집에서 피아노 곡을 30분씩 치고 갈 수 있도록 아침에 피아노 레슨을 해주었다.

피아노가 집에 2대(업라이트, 전자피아노)가 있어서 큰아이, 작은아이 모두 같은 아침 시간에 피아노를 치고 학교에 갈 수 있어서 감사했다. 밤에도 헤드셋을 쓰고 피아노를 치려고 전자 피아노를 샀다. 그래야 이웃집에게 민폐를 끼치지 않기 때문이다. 그리고 여러 가지 효과음을 시현해보았다. 결과는 대만족이었다. 신기한 사운드들이 많았다. 그 당시 나는 대형 교회 찬양단 반주자라서 키보드로 여러 가지 소리를 내보고 연습해야 했다. 연습을 해야 주일날 3부 예배 때 제대로 된 소리를 낼 수 있었다.

난 전자 피아노로 CCM 찬양곡을 많이 불렀다. 효과음이나 플루트 소리를 넣어서 피아노 반주를 하면 음이 예뻐서 계속 그 소리로 피아노를 쳤다. 아이들도 함께 따라서 찬양을 불렀다. 우리가 불렀던 노래는 〈나의 영혼이 잠잠히 하나님만 바라라〉였다.

우리는 그렇게 5월 가정의 달을 맞이하고 있었다. 그때 마침 교회에서 가족찬양대회를 개최했었다. 우리는 출전하겠다고 신청서를 제출했다. 나와 딸, 아들, 우리 엄마, 이렇게 4명이서 대회에 나갔다. 우리는 〈나의 영혼이 잠잠이 하나님만 바라라〉를 부르기로 정하고 연습하기 시작했다. 그 전에 아이들과 같이 집에서 많이 불렀던 찬양이라서 어렵지는 않았다. 다만 후렴 부분에 화음을 넣어야 해서 내가 간단하게 편곡을 했다.

나는 토요일에 친정 엄마집에 가서 파트연습을 따로 했다. 나는 소프라노, 엄마는 알토를 연습했다. 우리 엄마는 친정교회에서 성가대 지휘를 하신다. 알토는 자신 있다며 연습하셨다. 그리고 나서 아이들과 함께 피아노 치면서 합창으로 맞춰보았다. 그렇게 아름다운 하모니가 완성이 되었다. 가족찬양대회를 앞두고 우리는 아침마다 피아노를 치면서 연습했다. 즐거웠다.

드디어 대회 날이 다가왔다. 우리는 참가한 10가정 중에 8번째 순서였다. 기다리면서 가슴이 콩닥콩닥 긴장이 되었다. 드디어 우리 차례가 되어서 앞에 나가서 찬양을 하는데 돌발 상황이 발생했다. 그 당시 딸아이는 5살, 아들은 4살이었는데, 아들이 신이 났는지 이쪽저쪽으로 다니며 대회라는 것을 인지하지 못해 심사위원 마이크를 뺏으려고 하고, 관객들은 엄청 재미있다고 웃고 난리였다. 아무튼 그렇게 대회를 치렀다. 우리 가정이 인기상을 받았다.

그때 동영상을 찍어주신 김진호 수치과 원장님께 감사를 드린다. 그 당시 남편이 회사 때문에 오지 못했다. 가족찬양대회에서의 소중한 추억을 내 가족처럼 앞에 나오셔서 동영상으로 찍어주시고 메일로 보내주셔서 아직도 그 영상 원본을 가지고 있다. 너무 감사했다. 나에게는 큰 선물이라 잘 보관하고 있다.

힘이 들 때 그 동영상을 보면 지금도 가슴이 찡하고 뭉클하다. 왜냐하면 아들이 천성 백내장으로 대수술을 4번 정도 받고 찬양대회에 나왔다는 점에서 사람들이 희망의 상징으로 지만이를 바라보고 있었기 때문이다. 그래서 더 감동을 받은 듯하다. 나도 강한 긍정의 아이콘 엄마이자 사람들에게 희망을 주는 아이콘이 되어 있었다. 내가 사람들에게 선한 영향력을 끼칠 수 있다는 것이 감사했다. 앞으로도 그런 사람이 되어야겠다고 다짐한다.

우리 교회에는 오케스트라를 운영하는 프로그램이 있었다. 난 오케스트라 입단을 신청했다. 나는 첼로를 신청하고, 딸과 아들은 플루트를 신청했다. 매주 일요일 3시부터 5시까지 합주 1시간, 개인레슨 1시간을 운영했다. 난 아이들과 함께 첼로와 플루트로 합주하는 시간이 좋았다. 1년 동안 연습을 해서 잘하지는 못해도 쉬운 곡을 오케스트라로 편곡한 것을 같이 연주하면 영감 있는 음악이 나오곤 했다. 지휘자 선생님이 열정적인 선생님이셨는데, 엄청 예쁘셨다는 점이 지금도 생생하게 기억난다. 지금은 어디서 무얼 하시는지 궁금하다. 사업 대박나서 지휘 그만두셨다고 얘기만 들었다.

오케스트라에 입단해서 만난 지인이 있다. 그는 서울에 사시는 멋진 중년

남성이었는데, 그에게 참 감사했던 점이 있다. 첼로를 배울 때 연습을 같이 하는데 어쩌다가 자녀 교육 이야기를 하게 되었다. 그에게는 미국 존스홉킨스 대학에 재학 중인 아들이 있어서 그의 육아 이야기가 아이 키우는데 많은 도움이 되었다. 그리고 아들 친구 엄마도 만나게 되었다. 첼로의 인연으로 만났는데 지금은 친해져서 캠핑도 같이 다닌다.

아들과 친구들은 토요일 아침마다 초등학교 운동장에 모여서 축구를 했다. 그리고선 너무 행복해했다. 토요일 아침이 제일 행복하다고 했다. 이유는 마음껏 놀고 축구를 하러 운동장에 와서 스트레스를 풀 수 있어서라고 한다. 학부모들은 번갈아가면서 아이들 간식을 가져다주었다. 열정이 있는 아빠 2분이 계셨다. 바쁘지만 아이들의 미래를 보고 토요일마다 번갈아 나오면서 아이들 축구를 지도해주셨다. 그분들께 감사드린다.

어느 날 아침 일찍 운동하고 집에 가려 하는데 저 쪽에서 아빠와 아들로 보이는 두 사람이 달려오고 있었다. 그들의 눈빛은 빛나고 있었다. 나는 아침 운동을 조깅으로 하는데 그들도 조깅을 마쳤는지 들어가려고 하고 있었다. 난 그때 생각했다. 아들딸과 같이 운동을 할 것이라고.

2018년 8월 12일. 딸이 필리핀으로 다시 돌아가는 날이었다. 1년 동안 지내기로 했기에 여름에 일주일 정도 쉬고 다시 들어가야 했다. 이날은 아침부터 바빴다. 왜냐하면 딸의 출국 날이기도 하지만 아들 바이올린 정기연주회가 있는 날이어서 난 아침부터 분주하게 돌아다녀야 했다. 미용실에 가서 머리도 하고 화장도 해야 했다. 내가 아들 바이올린 연주할 때 피아노 반주를 해야해서 꾸며야 했기 때문이다.

난 아침이 즐겁지가 않았다. 해야 할 것이 너무 많았기 때문이다. 하지만 겉으로 표현하고 싶지는 않았다. 딸이 알면 마음의 상처를 입고 외국으로 공부하러 가니까 마음을 보이지 않았다. 난 딸에게 해줄 수 있는 모든 것을 해주었다. 그래서 가기 전 날에 무엇을 하고 싶냐고 물으니까 머리를 보라색으로 염색을 하고 필리핀으로 가겠다고 했다. 난 처음에 반대를 했다. "보라색" 머리라니 말도 안 돼. 그러나 자식 이기는 부모는 없다고 했던가. 나는 딸에게 결국 지고 말았다. 결국 딸의 의견을 존중하여 살짝 보랏빛이 도는 머리 염색을 해주었다. 딸은 흡족해하며 출국 준비를 했다.

아이와 아침 먹는 상황을 떠올려 보자. 이때 어떤 말을 하는 것이 좋을지 생각해보자. 아침밥 먹을 때 사용하는 생활영어다.

Come and eat your breakfast.

와서 아침 먹어.

I'm hungry, Mom.

엄마 배고파요.

Get me breakfast.

밥 주세요.

What's for breakfast?

아침밥이 뭐예요?

Seaweed soup is for breakfast.

아침은 미역국이란다.

CHAPTER 04

영어 동요가
가져다준 선물

동화책과 동요는 비슷한 것 같지만 많이 다르다. 동화책은 지혜나 깨달음이 많고 동요는 우리의 마음을 밝고 명쾌하게 만드는 것 같다. 그래서 아이들과 함께 노래를 부르면 희망과 소망이 넘쳐 흐른다. 난 어릴 적부터 피아노 반주를 많이 해서 그런가 분위기를 고조시키는 노래들을 아주 많이 알고 있다.

영어 동요는 아이들에게 영어를 쉽게 다가가게 만드는 장점이 있다. 난 그런 장점을 이용해서 아이들을 가르친다. 영어 스토리텔링 동요를 들어보면 아이들이 신체로 표현할 수 있는 내용이 다 들어간다. 그래서 아이들이 영어 동요를 더 신나하며 쉽게 따라 하는 것 같다.

메이센 영어에서는 아이들이 성장하는 시기에 맞춰서 다양한 동작을 영어 동요로 제작해서 CD와 DVD를 듣고 보게 했다. 지금도 아이들이 토끼가 깡충깡충 뛰는 모습을 "Hop, hop" 하며 따라 했던 기억이 난다. 그날은 모두모두 토끼가 되어서 활동 놀이를 했다. 그리고 음악이 신나서 춤을 출 수밖에 없다.

영어 동요 듣기가 가져다준 선물 중 첫 번째는 아이들에게 자신감을 주는 것이다. 매사에 자신감이 없이 일을 하면 되던 일도 안 된다. 아이들이 매일매일 동요를 듣고 신나게 활동할 수 있도록 돕는 것이 영어 동요 듣기의 첫 번째 유익이다.

내가 아는 지인은 서울 청담동에서 영어 유치원 선생님이다. 고액의 월급을 받고 영어 유치원에서 근무할 때의 일이라고 한다. 무기력한 H양이 있었다. H양은 항상 의기소침해 보이는 얼굴로 유치원에 왔다. 그런데 어느 날부터 영어 동요를 잘 따라 해서 칭찬을 많이 해줬다고 한다. 그러면서 아이가 수업에 적극적으로 변화되어 얼굴에 활기와 자신감이 넘치고 수업을 잘 따라 왔다고 말해주었다.

우리 아이는 영어 동요뿐 아니라 바이올린 CD곡을 듣고 바이올린 연습을 한 적이 있었다. 그때 아이들의 바이올린 실력이 예상을 깨고 점점 늘어나는 것을 경험했다. 그냥 연습할 때랑 CD로 듣고 연습할 때가 표현이나 테크닉이 달랐다. 바이올린 연습을 통해 우리 아이들은 다른 사람에게 아름다운 바이올린 소리를 들려주는 소망을 품게 되었다.

우리가 연주를 할 때에 그 멜로디를 기억하면서 연주하는 것과 그냥 악보만 보고 연주하는 것은 하늘과 땅 차이다. 딸과 아들은 모두 바이올린을 꾸준히 해서 기량이 좋다. 그래서 아이들과 같이 재능 기부 무료 자원봉사 가는 것이 너무 좋다. 지금도 가끔씩 병원에서 연락이 와서 아이들과 같이 봉사를 가는데 요즘은 코로나 때문에 활동은 하지 못한다. 곧 코로나가 종식되면 아이들과 함께 재능 기부를 하며 사회 봉사에 앞장서야겠다. 영어 동요 듣기가 일으킨 마음의 긍정적인 변화이다. 이것이 영어 동요 듣기가 준 두 번째 선물이다.

영어 동요 듣기가 나에게 준 선물은 정말 컸다. 큰아이가 초등학교 1학년으로 입학할 때 쯤 아산에 있는 모 초등학교에서 피아노 방과후 강사에 선발되었다. 지원서를 냈는데 한 번에 합격했다. 감사하게도 그곳에서 5년 동안 아이들을 40명 정도를 가르치게 되었다. 시골 작은 학교라서 전교생의 반이 내 피아노 수업을 듣게 되었다.

강의실이 너무 좋았다. 큰 피아노 학원에 원장으로 온 느낌이었다. 왜냐하면 학교 병설유치원을 개조해서 피아노 교실을 만든 것이다 보니 피아노실이 6개의 방으로 구성되어 있어서 아이들이 연습하기에 좋은 시설이었다.

난 열심히 아이들을 지도했다. 그러다 보니 교감선생님이 나에게 피아노를 배우겠다고 점심 식사를 하고 오시게 되었다. 나는 교감선생님께 영어 동요곡과 뮤지컬, 드라마 OST, 여러 장르를 레슨해드렸다. 교감선생님은 나를 아끼며 피아노를 열심히 배우셨다.

교감선생님은 여름 방학 때 터키의 이스탄불 여행을 다녀오시면서 내게 선물을 주셨다. 이스탄불에서 산 예쁜 접시와 면세점에서 산 화장품이었다. 안 받으려고 했으나 교감선생님이 성의라며 받으라고 하셔서 감사히 받고 잘 사용했다. 감동을 받지 않을 수가 없었다. 그 후 나는 교감선생님께 뮤지컬 곡을 알려드렸다. 그리고 쉽게 치는 피아노 반주법도 알려드렸다.

선물은 받으면 좋은 것이다. 그리고 선물을 주는 사람에게도 좋은 것이다. 난 선물 주는 것을 참으로 좋아한다. 받는 사람보다 줄 수 있는 사람이 더 좋은 것 같다. 그런 사람이 되도록 노력하며 살아야겠다.

그 초등학교에서 근무할 때 아이들에게 동요곡을 많이 가르쳤다. 영어 동요도 있었고 한글 동요도 있었다. 중요한 것은 아이들이 피아노 칠 때 신이 난다는 것이었다. 그러면 같이 동기 부여가 돼서 시너지 효과가 났다. 지금도 기억이 나는데 서울 목동에서 이사 온 3, 5학년 자매가 있었다. 엄마는 아이들 교육을 위해서 이곳 외할머니 집 근처로 이사를 왔다. 아빠만 서울에서 일하며 지내시는 것 같았다. 그 엄마는 나를 찾아와서 잘 가르쳐달라며 간곡히 부탁하고 가셨다. 아이들의 피아노 실력 수준이 조금 높은 편이었다. 난 수준에 맞게 가르쳤다.

그곳에 있을 때 아이들에게 머핀을 만들어서 선물로 주고 싶었다. 나의 취미는 베이킹이다. 그리고 제일 자신 있는 것이 머핀이었다. 난 그 당시 머핀을 100개를 만들어서 피아노 제자들, 교무실과 행정실의 직원들에게 하나씩 준 적이 있다. 그 학교 사람들은 엄청 맛있는 내 머핀을 맛봤다. 나눠주면서도 행복했다.

영어 동요 듣기가 준 또다른 선물이 있다. 방과후 선생님을 하면서 난 방송통신대 영어영문과를 3학년으로 편입했다. 그러면서 본격적으로 영어 공부를 다시 시작하게 되었다. 주위 사람들은 왜 힘든 길을 가냐고 말했다. 하지만 난 이 길이 내 길이라고 생각했고 자기계발을 하고 싶었다. 나의 가치를 끌어 올리고 싶었다. 그래서 아이들 돌봄을 신청하고 내가 퇴근하는 시간에 아이들과 함께 있으면서 밤에는 학구열에 불을 지폈다.

늦게 붙은 불이 마지막에 잘타는 법이라고 한다. 처음에는 힘들었는데 운이 좋게 평택에서 공부하는 언니들이 만든 스터디에 들어가게 되어서 4학년 졸업할 때까지 함께 공부하고, 중간고사 보고, 방송대 수업 들으러 대전으로 가서 수업 출석하고, 기말고사를 봤다. 그때는 그것이 어떻게 가능했는지 잘 모르겠다. 지금은 그런 용기가 안 날 것 같은데 그 때는 그렇게 열정적으로 공부를 했다. 그때 시험 공부를 새벽 2시까지 하느라 아이들 책을 읽어주지 못해서 미안했다. 대신에 남편이 많이 도와줘서 잘 공부하고 졸업을 하게 되었다.

그리고 지금도 아산의 모 초등학교 교감선생님께 감사의 말씀을 드린다. 방과후 피아노 교사로 일을 할 때 난 거의 매일 출근을 했다. 그런데 대전에서 방통대 출석 수업이 금요일부터 일요일까지 3일이었다. 이 수업에 빠지면 출석이 아니라 결석이라서 시험을 볼 수 없다. 그러면 학점이 안 나오니 재수강을 해야 한다. 이때 교감선생님께서 이렇게 말씀하시며 수업을 빼주셨다.

"박수경 선생님, 너무 열심히 사시는데 제가 도와드려야죠. 열심히 하세요! 멋지시네요."

"정말 감사합니다. 대신에 금요일 빠진 수업은 제가 보강 날짜를 잡아서 아이들 진도에 차질이 없도록 수업하겠습니다."

영어 동요가 나에게 새롭게 도약할 수 있는 인생의 큰 기회를 준 것이다. 너무나 감사하다. 하늘은 스스로 돕는 자를 돕는다. 열정을 다해서 그 일을 하면 그 열정을 누구나 알게 되고 인정하게 된다.

이번에는 아이랑 아침 먹고 씻는 상황을 생각해보자.

Brush your teeth.

이 닦아라.

Give me my toothbrush, Mom.

엄마 칫솔 주세요.

Squeeze the toothpaste for me.

엄마 치약 짜주세요.

Open your mouth. Ah~

입 벌리자! 아~

Brush your teeth properly.

구석구석 깨끗이 닦아.

CHAPTER 05

영어책 읽기는
영어교육의 시작이다

영어교육뿐 아니라 우리말을 배울 때도 귀로 듣고 나서 말하는 구어 능력이 시작된다. 영어를 꾸준히 들으면 머릿속에 영어가 입력되면서 조금씩 영어의 말소리를 감지하고 단어와 문장을 듣고 이해하는 능력이 생긴다. 어느 정도까지 영어 임계량에 이르러, 때가 되면 자연스럽게 영어가 입으로 나온다.

아이가 영어책 읽기를 통해 유창한 영어 실력을 갖기 바란다면 듣기부터 시작해야 한다. 다른 아이에 비해 늦었다고 생각되면 조급한 마음이 들어 한꺼번에 많은 것을 해결하고 싶은 마음이 생길 수 있다. 듣기부터 제대로 하려면 시간도 걸리고 속도도 느린 것 같아 답답하고 우리 아이가 뒤처지지 않을까 하는 생각이 들 것이다. 그렇지만 듣기부터 하는 것이 결국 가장 빨리, 가장 멀리 갈 수 있는 유일한 방법이다. 사실 영어교육을 잘하려면 생활에서 영어책 읽기보다 '충분한 듣기'부터 실천돼야 한다. 그런데 그렇지 못한 이유는 무엇일까?

충분한 듣기의 성공적인 실천이 어려운 이유는 우선 마음속에 지나친 조급함이 있기 때문이다. 충분히 들으려면 무엇보다 여유와 기다림이 필요하다. 그럼에도 불구하고 하루라도 빨리 아이의 학습 성과를 보고 싶어하는 엄마 아빠의 바람과 그런 기대를 쉽게 외면하기 어려운 교사의 입장이 어우러져 결실을 맺게 된다. 학원이나 과외 수업을 받은 지 불과 몇 개월 만에 아이가 기특하게도 영어 말하기와 글쓰기를 제법 하는 듯 보인다. 그러나 진짜 제대로 된 영어 실력을 갖추는 것과는 점점 멀어져간다.

흘러넘치는 충분한 듣기에 성공하려면 영어 듣기가 기꺼이 하고 싶은 놀이와 오락이 되어야 한다. 재미가 있고 즐거워서 매일 계속하고 싶은 일이 되어야 한다. 아이가 좋아하는 영어 그림책과 영어 동화책을 꾸준히 읽어주고 영어가 한마디도 나오지 않는 쉬운 직관적인 책부터 수준을 조금씩 높여서 흥미로운 영어 동영상을 꾸준히 즐기도록 해주면 좋다. 그러면 영어를 전혀 모르는 아이라도 영어와 쉽게 친해지고 영어 말소리도 구분해 듣게 된다. 아는 단어도 하나둘 늘어나고 문장 구조에도 점점 익숙해져 신기하게도 영어로 듣고 이해할 수 있게 된다.

그뿐만이 아니라 영어책 읽어주기와 영어 동영상 보고 듣기를 계속하면 영어 알파벳에도 익숙해지고 파닉스도 상당 부분 자기도 모르는 사이에 자연스럽게 배우게 된다.

그림책이나 동화책을 함께 보고 읽어주는 것은 미국이나 영국에서도 아이의 언어, 인지, 정서 발달을 위해 우선적으로 추천하는 일이다. 적절한 시기가 따로 있는 것도 아니고, 나이가 어려도, 초등학교에 들어가서도, 초등 고학년이 되어도 언제든 바람직하고 가치 있는 일이기 때문이다. 그리고 마음만 먹으면 누구나 쉽게 할 수 있는 일이다. 꾸준히 실천을 하면 효과는 정말 놀랍다.

아이들에게 영어책을 읽어주는 것은 누가 해도 좋지만 엄마가 직접 읽어주는 것이 가장 좋다. 영어 스토리텔링을 정말 잘하는, 재능도 경험도 많은 전문가 선생님보다 엄마가 읽어줄 때가 효과가 더 좋다는 것이다. 비록 엄마가 영어를 잘하지 못해서 발음이 엉터리라도 상관없다. 적어도 내 아이에게는 엄마가 최고의 선생님이다. 무엇보다 세상에서 가장 사랑하는 엄마의 따스한 말과 표정과 스킨십을 느끼면서 책 속의 세계를 함께 탐험하고 대화하

우리 아이 영어 영재로 키우는 법

고 공감하고 정서적으로 교감하는 것이 영어를 멋지게 읽어주는 것보다 훨씬 중요하기 때문이다. 영어든 한국어든 엄마와 이런 책 읽기를 꾸준히 한 아이는 풍부한 감성, 여유와 차분함, 뛰어난 집중력과 이해력을 갖게 된다.

요즘 영어 그림책이나 동화책은 대부분 녹음 CD나 파일을 구할 수 있고, 원어민 선생님이 읽어주는 동영상도 인터넷에서 쉽게 찾을 수 있다. 부족하고 어색한 발음이라도 아이와 함께 선택한 영어책을 애정을 듬뿍 담아 읽어준 후 그런 자료를 함께 보고 듣기를 추천한다. 아이에게 엄마의 발음과 원어민의 발음이 어떻게 다른지 알려달라고 하라. 그리고 흥미롭게 느낀 점이나 차이에 대해서도 함께 대화하고 교감을 나누면 좋다.

영어 실력과 상관없이 영어책 읽어주기는 아이에게나 엄마에게 훨씬 풍성하고 즐거운 경험이 된다. 영어책만 읽어주는 것보다 영어책과 우리말 책도 같이 읽어주는 것이 좋다. 나는 아이들이 어릴 때 좋은 영어책을 가급적 많이 읽어주려고 노력했다. 그리고 영어책뿐 아니라 우리말 책도 함께 읽어주었다.

책 읽어주기의 핵심은 아이와 함께 대화하고 공감하고 고민하면서 스토리를 즐기고, 세상을 탐험하면서 아이도 엄마도 머리와 마음이 같이 성장하는 것이다. 아이가 정말로 영어를 잘하길 원하면, 엄마가 영어책을 읽어주든 나

중에 혼자 영어책을 읽든 공부가 아니라 즐거운 책 읽기가 되어야 한다. 영어를 배우는 것보다 책 읽기의 기쁨과 가치를 일찍부터 깨달아 평생 책 읽기를 즐기게 해주는 것이 중요하다.

영어 그림책은 책 읽기의 목적과 즐거움을 경험하고 깨닫게 하는 데 필요한 '재미'와 '쉬움'과 '감동'의 3가지를 가지고 있다. 내가 아이들과 함께 읽었던 영어 그림책 중에 칼데콧상 수상작은 순수하고 천진난만한 아이들의 감성과 상상력을 최대한 자극해 아이들 스스로 많은 이야기를 만들어내게 할 수 있는 멋진 그림이 많았다. 그 영어 그림책 속에는 세계 최고의 미술가들이 최고의 상상력과 창의력을 발휘해 그려낸 최고의 그림들이 가득하다. 그런 책은 그림도 훌륭하지만 글과 함께 어울려 시너지 효과가 엄청나다.

몇 년 전 아이들이 어릴 때, 칼데콧상을 받은 작가의 그림동화책을 읽어준 적이 있었다. 책 제목은 『용이 사는 섬, 코모도(Komodo!)』였는데 그림책 속에는 아이들의 모방 욕구와 창의성을 자극하고 마음을 사로잡는 신기하고 흥미로운 이야기와 세계 최고의 이야기꾼이 펼쳐내는, 마치 신들린 듯한 스토리텔링이 있었다. 영어 그림책 속의 이야기꾼들은 세상의 모든 아이에게 들려주고 싶은 자신만의 이야기를 개성 넘치는 목소리로 풀어놓았다. 우리 아이들은 『용이 사는 섬, 코모도』를 좋아해서 계속 읽어달라고 했다.

영어 그림책을 중심으로 아이들에게 영어책을 조금씩이라도 꾸준히 읽어주면 영어의 말소리를 듣고 구분하는 능력이 생긴다. 또 음소 인식 능력은 물론 문자와 소리 사이의 관계인 파닉스도 상당 부분 자연스럽게 습득할 수 있다.

영어책을 꾸준히 읽어주면 영어의 어휘와 문법구조까지 감각적으로 체득하게 된다. 그리고 영어 어휘와 문장을 반복적으로 만나다 보면 흥미로운 스토리와 그림이 제공하는 문맥과 상황 묘사를 통해 각 어휘가 어떤 상황에서 어떤 의미로 쓰이는지 깨닫게 된다. 영어다운 표현에 눈을 떠간다. 자연스런 영어에 대한 감각이 생기는 것이다.

아이와 함께 영어 그림책을 읽어주고 함께 읽으면 영어를 모르는 아이라도 영어의 표현과 구조에 총체적으로 접근하게 된다. 아이들은 영어 표현이나 문장을 작게 나누어 분석하고 각 부분을 이해한 후 이를 조합해 전체를 파악하는 분석적 능력이 부족하다. 하지만 이야기 속에서 단어와 문장의 의미나 쓰임을 총체적으로 받아들이고 이해하는 것은 잘한다.

그림책을 꾸준히 읽어주다 보면 엄마와 아이가 많은 것을 함께 경험하고 공유하며 정서적인 교감을 나누게 된다. 일상을 벗어나 더 넓은 세상을 구석구석 아이와 함께 여행하고 탐험하며 우리와는 다른 사람들의 다양한 삶과 생각과 문화를 배우고 대화할 수 있다. 이런 다채로운 경험과 배움을 통해 많은 지식과 지혜를 얻고 나와 다른 사람들에 대해서도 열린 마음을 갖게 된다. 오늘 당장이라도 아주 쉬운 영어 그림책을 한두 권 골라 아이에게 영어책 읽어주기를 시작하자.

CHAPTER 06

아동용 영어 애니메이션은 최고의 교재이다

요즘 부모님들은 아이들과 함께 밖에 나가면 아이들에게 유튜브 애니메이션 동영상을 틀어준다. 그리고 자기들은 다른 일을 한다. 젊은 엄마들은 대부분 그런 것 같다. 내가 아이를 키울 때는 그렇게 유튜브가 활성화되지는 않아서 TV를 이용했다. TV용 애니메이션을 몇가지 소개하려고 한다.

난 연년생 딸과 아들을 유치원에 보내고 집안일을 하며, 간식을 만들면서 아이들을 기다렸다. 아이들이 돌아오면 간식을 먹이고 씻겼다. 나의 대부분 일과는 그랬다. 그동안에 첫 번째로 TV에 귀여운 인형 4명이 나오는 〈텔레토비(Teletubbies)〉를 보았다.

  우리 아이들은 〈텔레토비〉를 엄청 좋아했다. 영국의 어린이 TV 시리즈로 천연색 외계인 인형 같은 모습을 한 4명의 텔레토비가 주인공으로 등장한다. 이름도 '나나', '뚜비', '뽀', '보라돌이'이다. 그때도 인기가 있어서 여러 문구, 판촉물에 텔레토비를 사용하면 잘 팔려나갔다. 텔레토비를 이용한 마케팅을 한 것이다. 우리 아이들도 텔레토비 인형을 사달라고 조르기 시작해서 어쩔 수 없이 사주었던 기억이 난다.

  텔레토비의 위력은 대단했다. 〈텔레토비〉는 실제 말은 거의 없고 어린 유아들의 옹알이와 유사한 방식으로 의사소통을 하는데, 그림만으로도 많은 것을 이해할 수 있듯이 영상만으로도 많은 것을 이해하는 것이 얼마든지 가능했다. 영미권 TV 프로그램 적응용으로 영아들의 심리 구조와 발달에 관련된 사건이나 문제로 구성되어 있다. 다른 아이들도 TV에서 텔레토비를 많이 보았던 것 같다.

  두 번째 〈바니와 친구들(Barney and Friends)〉은 아주 어린 유아들부터 초등학생에 이르기까지 꽤 넓은 연령층의 어린이를 대상으로 한 미국 TV 프로그램이다. 바니가 아이들의 문제를 해결해가는 내용으로서 정해진 스토리라인에 따라 춤추고 노래하며 교육적 메시지를 전달하고자 노력한다. 나와 아이들은 노래하고 춤추는 것을 좋아해서 바니를 보면 거의 대부분 춤을 추고 노래했다.

세 번째 〈클리포드(Clifford the Big Red Dog)〉는 거대한 몸집의 빨간색 강아지 클리포드와 강아지의 주인인 어린 소녀 에밀리에게 벌어지는 이야기들이다. 클리포드의 성품은 다음과 같은 영어 표현에 잘 드러나 있다. "Shy, gentle, friendly, loyal, lovable, clumsy, well-meaning and helpful(수줍은, 온화한, 친절한, 충실한, 사랑스러운, 어설픈, 선의가 있는, 그리고 도움이 되는)." 클리포드는 큰 체구와 친구들로 인해 여러가지 어려움이나 곤란한 상황에 처하지만 커다란 덩치와 지혜를 활용해 문제를 해결한다.

네 번째 〈도라 디 익스플로러(Dora the Explorer)〉는 주인공인 도라(Dora)와 빨간 장화를 신은 원숭이 친구 부츠(Boots)가 주어진 목표를 달성하기 위해 목적지로 가는 과정에서 중간 지점에 있는 퍼즐 같은 문제를 해결하고 여우의 훼방을 이겨내면서 목적지에 도달하는 내용이다. 친구들의 도움과 지도 그리고 가방 속 물건을 활용해 문제를 해결하는 경우가 많다. 간단한 스페인어가 자주 등장해 스페인어 노출에 도움이 된다.

다섯 번째 〈세서미 스트리트(Sesame Street)〉는 현재에도 새로운 에피소드가 출시되고 있는 최장수 어린이 프로그램으로 세서미 스트리트란 마을을 중심으로 스토리가 전개된다. 주요 등장 인물은 노란색의 빅버드(Big Bird), 빨간 인형인 엘모(Elmo), 파란색의 쿠키 몬스터(Cookie Monster)를 비롯해 세서미 스트리트에 사는 아이와 어른들이며, 마을 주민은 고정 멤버로서 출현하고 초대 손님도 자주 등장한다. 매 에피소드나 스토리 안에서 숫자와 알파벳 등을 주기적으로 반복하기 때문에 기본적인 수 개념과 알파벳, 파닉스의 기초를 쌓는 데 많은 도움이 된다. 우리 아이들도 이 프로그램을 통해서 파닉스에 도움을 받은 것 같다.

여섯 번째 〈드래곤 테일즈(Dragon Tales)〉는 주인공인 맥스(Max)와 에미(Emmy)가 드래곤들이 사는 나라인 드래곤 랜드(Dragon Land)로 가서 다양한 모험을 즐긴 후 집으로 돌아오는 이야기이다. 맥스와 에미 외에 드래곤 친구들(Ord, Cassie, Zak, Wheezie, Quetzal)이 주요 등장인물이며, 드래곤 가운데 잭과 위지는 몸은 하나인데 머리가 2개인 쌍두 드래곤 남매이다. 이 프로그램은 DVD로도 출시되었고 각 DVD에는 5개의 이야기가 들어 있다.

우리 아이들은 이 〈드래곤 테일즈〉를 좋아해서 그 당시 공룡에 대한 책도 많이 읽고, 공룡 화석을 직접 보러 남편과 주말에 고대 유적지에 찾아가 공룡 발자국을 보며 이 애니메이션 이야기를 한 적도 있다. 그리고 오는 길에 공룡 장난감과 한반도의 공룡 시리즈로 나온 DVD를 구매해서 아이들과 함께 시청했다.

그리고 얼마 후에 영화관에서 공룡을 주제로 한 영화 〈드래곤 길들이기〉를 상영했다. 온가족이 함께 〈드래곤 길들이기〉를 보았다. 정말 가정적이고 모험심이 가득찬 주인공의 활약이 인상적이었다. 기회가 된다면 아이들과 한 번 더 보고 싶다.

일곱 번째 〈비트윈 더 라이언즈(Between the Lions)〉는 다양한 아동용 책을 바탕으로 제작된 리터러시(literacy)와 독서 장려 목적의 프로그램으로 영어의 소리와 문자를 다루는 파닉스와 단어를 설명하는 부분이 항상 포함되어 있어서 아이들에게 유익하다. 이야기 속으로 주인공 사자가 들어가거나 책 속의 등장인물과 허리케인 같은 것을 꺼내 도서관에서 소동이 벌어지는 경우가 많다. 미국 아동을 기준으로 할 때 만 5~8세 대상의 프로그램으로 주로 교훈이 담긴 그림책을 소개하고 읽어준다.

〈비트윈 더 라이언즈〉를 보면 도서관에서 일이 많이 벌어져서 아이들과 도서관에 가기가 훨씬 더 수월했다. 아이들과 주인공 캐릭터가 하나가 되면 문제는 간단해진다. 아이들은 모방하고 흡수하는 능력이 강해서 책 읽기에 너무 좋은 애니메이션이다.

여덟 번째 〈매직 스쿨 버스(Magic School Bus)〉는 조애너 콜(Joanna Cole)과 브루스 디건(Bruce Degen)의 책을 기반으로 만든 아동용 TV 시리즈이다.

초등학교 교사인 미즈 프리즐(Ms. Frizzle)과 그녀의 학생들이 매직 스쿨 버스를 타고 과학 체험을 하는 내용이다. 아이들이나 버스가 연어, 거미, 꿀벌 등의 탐구 대상으로 변하거나 등장인물들이 탐구 대상(사람의 신체나 요리되는 음식 등)속으로 들어가 모험하며 체험으로 과학을 배우는 이야기다.

우리 둘째 아이는 과학을 좋아한다. 그래서 과학분야 책을 많이 사주고 읽었다. 그중에 인체의 신비를 말하는 에피소드가 있었다. 사람이 음식을 먹으면 위에서부터 소화효소가 나와서 소화시키고 영양분을 보내고 나머지 찌꺼기는 대장을 거쳐서 항문으로 나오는데, 이 장면이 재미있다고 계속 이 부분만을 보려고 했다. 난 설명을 잘해주고 이제 그만 잠을 자자고 말했다.

아홉 번째 애니메이션은 〈네모바지 스폰지밥(SpongeBob SquarePants)〉이다. 해저 도시인 비키니 바틈(Bikini Bottom)에 사는 해면동물 스폰지밥과 친구들의 모험과 탐험 이야기이다. 현재 총 12개 시즌, 271개 에피소드가 있다. 그러나 시즌 4부터는 질적 수준이 저하되고 교육적으로 좋지 않다는 비판도 있다. 그래서 난 아이들에게 스폰지밥을 많이 보여주지 않았다.

지금도 좋은 동영상 콘텐츠가 많다. 엄마들이 잠깐 시간을 들여서 좋은 컨텐츠를 알아보고 발견하고 아이들에게 보여준다면 영어 애니메이션은 최고의 교재가 될 것이다.

세수하는 상황을 생각해보자. 이렇게 말할 수 있다. 이 상황도 쉽게

따라 할 수 있다.

Wash your face.

얼굴 닦자.

Use the soap.

비누로 씻어.

Get me the towel.

수건 주세요.

Put on the lotion.

로션 발라야지.

CHAPTER 07

영어교육, 분명하고 구체적인 목표를 세워라

우리나라 사람들은 대부분 영어를 배우기 위해 시간과 비용, 노력을 투자한다. 아이들이 가장 빠르게 시작하는 사교육 또한 영어 학습이다. 하지만 영어 학습에 대한 목적과 목표는 막연하다. 그냥 잘했으면 좋겠다는 이유가 전부다. "왜?"라고 물으면 "잘하면 좋으니까."라고 말한다. 분명한 목적과 목표가 없다. 아이들의 영어교육도 마찬가지이다. 유아기 때의 영어교육과 초등학생 때와 중·고등학교 때의 영어교육 방법과 목표는 달라야 한다.

주위에 친한 영어 원장님이 있다. 그는 초등영어 전문으로만 영어학원을 운영한다. 중학교 1학년이 오면 아예 받지 않고 학부모에게 조용히 입시전문으로 하는 영어학원에 가라고 조언한다. 이 말뜻은 중1은 이제 문법, 독해, 듣기, 단어 등 입시 영어를 배워서 입시시험을 준비할 때라는 것이다. 나도 이 말에 공감한다. 중학교 영어는 학교에서 내신점수가 반영되기 때문에 문법 공부와 독해 어휘를 늘려야만 좋은 영어성적을 받을 수 있다.

나는 2년 전 나에게 영어를 배우러 온 H군과 L군을 생각해본다. 그 당시 영어를 포기했다던 L군은 나를 만나고 나서 영어가 재미있어졌다고 엄마에게 말했다고 한다. 난 L군을 유심히 살펴보았다. 정말 영어성적이 많이 오른 것을 확인할 수 있었다. 그리고 H군도 영어에 흥미와 자신감이 없었는데 요즘에는 중2 기말고사에서 아쉽게 한 문제를 틀렸다고 아쉬워할 정도로 실력이 향상되었다. H군의 어머니는 정말 잘 가르쳐주셔서 감사하다고 인사를 하셨다. 난 영어 공부를 가르치면서 참으로 뿌듯한 감정을 느꼈다.

영어는 성실히 하기만 하면 누구나 점수를 잘 받을 수 있다고 생각한다. 영어를 잘하려면 '임계량'이 필요한데 이것은 영어 학습량을 어느정도 머리에 지속적으로 넣어야 '아웃풋'이 나온다는 뜻이다.

난 우리 아이들이 5~6세 때 영어교육의 목적과 방법이 알맞았다고 생각한다. 아이들이 영어적 환경에서 놀고 말하고 듣고 배우는 방법을 선택해서 아이들을 원어민이 있는 영어 유치원에 보냈다. 그곳에서 유아기에 맞는 영어 학습을 통해 아이들이 스트레스도 안 받고, 영어를 더욱 적극적으로 대하고, 귀가 열리고 자신감 있게 원어민과 말할 수 있게 되었다. 특히 딸은 듣고 말하는 것을 다른 아이들에 비해 월등히 잘했다.

그런 딸에게 뚜렷한 목표가 생겼다. 그것은 초등학교 4학년 때 세계능률협회에서 주최한 스피킹 대회에 참가하는 것이었다. 딸은 그곳에 나가서 자신이 얼마나 잘하는지 나가보고 싶다고 했다. 나는 응원을 하면서 딸이 우승하기를 소망했다. 딸은 대회 나기기전까지 최선을 다해 원고를 외우고 매일매일 암송하여 연습했다. 나는 피드백을 해주었다. 마지막으로 발음을 정리하고 원고내용을 완벽히 익혔다.

대회 날 아침이 밝았다. 우리 가족은 딸을 응원하러 딸이 출전하는 스피킹 대회를 보러 갔다. 접수증을 받고 대기실에서 기다리던 중 먼저 도착한 아이들의 영어 스피치를 보게 되었다. 그런데 정말 잘하는 아이들이 너무 많았다. 나의 심장이 왜 그렇게 뛰었는지 모르겠다. 딸의 스피치였는데 내가 하는 것처럼 긴장이 되었다. 잘하는 아이들 중에 아쉽게 중간에 스피치를 까먹어서 버벅대며 내려오는 아이들도 있었고, 준비가 안 된 친구들도 보였다.

우리는 약간 긴장한 채로 순서를 기다리고 있었다. 드디어 사회자가 "이번

우리 아이 영어 영재로 키우는 법

순서는 참가번호 234번 4학년 한혜리 연사가 나와서 'Jeju is Amazing'이라는 주제로 스피치를 하겠습니다."라고 말했다. 혜리는 단상으로 올라갔다. 나도 모르게 너무 떨렸다. 동영상 촬영을 남편에게 맡기고 까먹지 않고 가진 기량을 다 발휘하기를 간절히 기도했다. 딸은 약간 긴장한 듯 보였지만 자신 있게 스피치를 시작했다. 영어 텍스트를 하나도 까먹지 않았다는 것에 칭찬을 하고 싶었다. 외국에서 살다온 아이들이 많이 출전한 것 같았다. 발음이 너무 좋았기 때문이다. 기량 차이가 약간 있는 것은 어쩔 수 없었다.

우린 결과를 기다렸다. 결과는 우수상을 받았다. 최고상을 받은 제주도에서 온 4학년 여자아이는 기뻐서 소리를 질렀다.

"와아! 나 미국 선발 증서 받아서 미국 간다!"

그 집안은 경사가 났다. 가족들 모두 그 딸을 축하해주었다. 우린 그 광경을 보고 주차장으로 나왔다. 난 딸에게 너무 잘했다고 말했다.

"대단해. 우리 딸."

4학년 때 혜리의 영어 유치원 친구였던 주디는 필리핀 1년 유학을 갔다. 그당시 주디 엄마는 같이 보내자고 나에게 제안했는데, 내가 그럴 형편이 안 되어서 못 간다고 말했다. 주디는 1년 유학을 하고 한국에 들어와서 5학년으로 다니고 있었다. 영어를 자유롭게 하고 문화체험도 하라고 보낸 것이었다. 필리핀 마닐라 대통령궁 근처에 있는 케네디 국제학교로 주디 혼자 보냈다. 물론 주디는 영어를 자유자재로 구사하고 영어 원서들도 많이 읽었다. 난 궁금해서 주디가 무슨 원서를 읽느냐고 물어보았다. 『해리포터』 원서를 읽는다고 했다. 난 솔직히 부러웠다. 비교하면 안 되지만 그 당시 딸은 『해리포터』를 읽지 못했기 때문이다.

딸이 5학년 시절 9월쯤에 나에게 말했다. 자기 꿈이 아나운서인데 아나운서가 되려면 영어를 엄청 잘해야 하고, '화산 중학교(자율형 사립중학교)'에 가고 싶은데 영어 인터뷰를 해야 입학할 수 있다고 한다. 그러니 필리핀으로 1년 어학연수를 보내달라고 하는 것이다. 나는 딸의 꿈을 응원해주는 동기 부여가가 되고 싶었다. 아빠가 오면 상의해보겠다고 말했다.

남편이 집에 도착하자 난 혜리가 한 이야기를 하며 어떤 의견인지 물어봤다. 처음에 남편은 어떻게 애를 혼자 해외에 보내냐며 반대를 했다. 그러나 딸과 나의 작전에 남편은 넘어갔다. 남편과 나는 딸이 갈 학교를 알아보고 찾아보고 수소문을 해서 검증된 곳이라는 것을 확인했다. 우리는 준비를 해서 5학년 12월에 필리핀 1년 어학연수를 보냈다. 그리고 혜리는 1년 후 돌아오면 서울 스피킹 대회에서 최고상을 받아 미국 선발 증서 받을 자신이 있다고 약

우리 아이 영어 영재로 키우는 법

속했다. 우린 딸을 믿었다.

어학 코스로 유학을 가는 것은 보통 힘든 일이 아니다. 아침 기상 시간이 6시 30분이고 간단한 체조를 하고 밥을 먹고 8시부터 1교시 수업을 한다. 단어, 독해, 문법, 듣기, 스피킹, 라이팅 영어의 6가지 영역을 매일매일 8시간씩 공부하고 시험을 봐서 피드백하고 한국에 있는 학부모가 볼 수 있게 컴퓨터 사이트를 알려주었다. 난 매일매일 들어가 딸의 영어 학습량과 수업태도나 점수 등을 확인하며 위안을 삼았다.

학교는 토요일만 전화를 할 수 있도록 해주고 스마트폰을 쓸 일이 없으니 너무 좋았던 것 같다. 지금 학부모들은 스마트폰 때문에 아이들이 공부를 안 하고 게임만 한다고 엄청난 걱정을 하는데, 나는 그 당시에 그런 걱정이 없었다. 하지만 요즘은 아이들이 SNS를 통해 소통을 한다고 스마트폰을 손에 쥐고 놓지 않으니 걱정이긴 하다.

딸이 다녔던 SM 나누리 국제학교에 영어 공부하러 오는 아이들은 공부하는 목적이 분명했다. 단기코스로 여름방학, 겨울방학에 오는 아이들은 단기간에 영어 실력을 끌어 올릴 수 있도록 배웠고, 1, 2년 장기간 부모랑 같이 와서 공부하는 아이들은 국제학교를 다니며 미국 정규과정 수업을 들었다. 선택은 학부모와 아이들의 몫이었다. 초등 아이들도 그곳에서 2년 정도 배워서 국제중을 가거나 미국 고등학교를 가기 위한 하나의 국제학교이기도 했다. 이처럼 영어를 배우는 목표가 분명한 학생들과 학부모들은 방황하지 않고 영어를 즐겁게 배운다.

　자신의 역량을 알고 레벨 조절을 해서 영어를 배우는 것이 중요하다. '친구 따라 강남 간다'라는 말은 이제는 옛말이다. 잘하면 잘하는 대로, 못하면 단계를 낮추어서 배우면 얼마나 아이들에게 좋을까 생각하게 된다. 가는 속도가 조금 다를뿐 정상에 도착하는 것은 똑같다. 마라톤을 할 때 어떤 선수는 빠르게 결승선에 통과하고, 어떤 선수는 늦게 결승선에 도착한다. 우리는 두 선수에게 응원을 보낸다. 어느 누구도 늦게 도착한 사람을 비난하지 않는다. 오히려 늦게 도착한 선수를 응원하며 결승선에 도착한 것을 축하해준다. 우리도 아이들에게 맞는 영어교육의 목표를 세우고 실천해야 한다.

청소 하는 상황을 떠올려보며 생활영어를 따라 해보자.

Time to clean up!

청소할 시간이다.

We are going to wipe the floor.

우리는 거실을 청소할게.

Let's get some fresh air in.

환기 좀 하자.

PART 2.

쉬운
생활영어로
영어 자신감을
키워주자

CHAPTER 01

이럴 땐
이렇게 말해요

아이들이 영어 표현을 어디에서 제일 많이 사용할까? 그것은 바로 집이다. 난 아이들과 집에서 영어로 생활영어를 하기 시작했다. 우리 아이들이 영어 유치원에 다니면서 나는 의식적으로 더 쉬운 생활영어를 사용하기 시작했다. 그래야 아이들이 영어 환경에 노출되고 학습에도 도움이 되고 재미도 있을 테니 더욱 노력했다.

예를 들면 아침에 일어나는 상황을 생각해보자.

Good morning! Did you sleep well?

좋은 아침이야, 잘 잤니?

Yes, I slept well.

네, 잘 잤어요.

Stretch your arms.

기지개를 쭈욱 켜봐.

Get some more sleep.

좀 더 자렴.

처음에는 어색했지만 사용하다 보면 어느새 익숙해져서 쉽게 아이들과 영어로 말할 수 있게 되었다. 아침 먹는 상황을 생각해보자.

Come and eat your breakfast.

와서 아침 먹으렴.

I'm hungry, Mom. Get me breakfast.

엄마 배고파요. 밥 주세요.

What's for breakfast?

아침밥이 뭐예요?

Seaweed soup is for breakfast.

아침은 미역국이다.

아침 먹고 씻는 상황도 생각해보자.

Brush your teeth.

이 닦자.

Give me my toothbrush, Mom.

엄마 칫솔 주세요.

Squeeze the toothpaste for me.

치약 짜주세요.

Open your mouth. Ah~.

입 벌리자. 아~

Brush your teeth properly.

구석구석 깨끗이 닦으렴.

세수하는 상황도 생각해보자.

Wash your face.

세수해야지.

Use the soap.

비누로 씻으렴.

Get me the towel.

수건 주세요.

Put on the lotion.

로션 발라야지.

옷 입는 것에 대한 에피소드가 있다. 큰아이가 6살 때 일이다. 나는 당시 둘째 아이 눈 수술 때문에 대학병원에 있었고 남편은 큰아이를 돌보고 있었다. 그 당시 나는 딸을 항상 공주님 원피스 풍으로 입혀서 유치원에 보냈다. 남편은 딸아이의 취향을 아는지 모르는지, 그냥 방에 보이는 체육복을 주워 입히며 유치원 버스가 왔으니 빨리 나가자고 했다고 한다. 딸아이는 아빠에게 유치원 가기 싫다고, 안 간다고 했다고 한다. 그런데 아빠는 그것도 모르고 "왜 유치원에 안 가?"라며 혼을 냈다고 한다. 딸은 지금도 6살 때 일이 떠오른다며, 악몽 같았다고 웃으며 말한다. 이럴 때 영어로 어떻게 말할까?

옷을 입는 상황을 생각해보자.

What do you want to wear today?

오늘 무슨 옷을 입고 싶니?

I want the pink dress.

핑크 원피스를 입고 싶어요.

You'll go out today. How about pants?

오늘 밖에 나갈 거야, 바지는 어떠니?

No! I like my pink dress.

싫어요! 전 핑크 드레스가 좋아요.

어른들은 아이들의 마음을 모를 때가 너무 많다. 무엇을 좋아하는지, 어떤 색을 좋아하는지 아이들에게 물어보고 참고해서 아이들이 원하는 것을 사주면 좋을 것 같다. 아이들 얘기는 들어보지도 않고 부모 마음대로 결정하는 일이 많아서 아이들이 상처를 받는 것 같다. 나도 처음에는 몰랐는데 딸이 최근에 이야기를 해주어서 알게 되었다. 남편은 딸에게 미안하다고 사과했고, 딸은 미안하다는 아빠의 마음을 받고 이제는 괜찮다고 웃으며 말했다.

이번엔 청소하는 상황을 생각해보자. 우리 아이들은 청소하는 것을 놀이처럼 생각했다. 그것은 나의 철저한 계획이기도 했는데, 걸레를 3개를 빨아서 걸레질을 하며 끝말 잇기를 하는 것이었다. 그렇게 낱말 놀이를 하면 시간이 금방 가고, 재미도 있다. 청소를 깨끗이 잘 하는 것은 아니지만, 아이들은 엄마와 같이 무엇을 했다는 자체를 좋아하는 것 같았다.

Time to clean up!

청소할 시간이다.

We are going to wipe the floor.

우리는 거실을 닦을 거야.

Let's get some fresh air in.

환기 좀 하자.

이번엔 간식 먹는 시간을 생각해보자. 난 피자나 쿠키 등을 사지 않고 만들어서 아이들에게 먹였다. 심지어 아이들 생일에는 직접 케이크를 만들어서 생일파티를 하기도 했다. 만들어 먹으면 훨씬 맛있다. 우리 아이들은 행복해했다. 지금 생각나는 케이크는 치즈케이크다. 집에 오븐이 있다보니 요리하는 것이 즐거웠다. 하지만 내가 처음부터 요리를 잘하는 것은 아니었다. 하다 보니까 늘게 되었다. 그리고 이것저것 하다 보니 요리 세계에 빠지게 된 것 같다. 내가 요리를 즐겨 하자 아이들도 지금은 베이킹을 수준급으로 한다.

Would you like something to eat?

What do you want for a snack?

뭐 좀 먹을래?

I want something yummy.

맛있는 거 주세요.

간식을 많이 먹으면 밥을 잘 안 먹어서 이런 말은 꼭 필요하다.

Try not to eat too much between meals.
밥 먹기 전에 너무 많이 먹지 마.

이번에 목욕하는 상황을 생각해보자. 아이들에게 목욕은 하나의 놀이이다. 우리 아이들은 목욕할 때 거품목욕을 참 좋아했다. 당시 아이들이 어렸을 때라 머리를 감으려면 내가 일일이 감겨줘야 했다. 아이들 둘을 씻기는 것은 쉽지는 않지만 나는 행복했다. 아이들 성장하는 모습이 매일매일 보였기 때문이다.

난 목욕이 끝나면 항상 토끼인형을 주었다. 아이들이 목욕을 하면 향기 나는 아기 토끼 인형을 주며 '토끼랑 같이 자야지.'라고 말했다. 아이들은 엄청 좋아했다. 토끼 인형은 색깔 별로 총 5마리가 있었다. 어느 날은 씻지도 않았는데 아이들이 토끼 인형을 달라고 했다. 나는 단호하게 씻지 않았기 때문에 못 준다고 했다. 대신에 씻으면 준다고 말을 하니 아이들은 예쁜 토끼 인형을 갖고 싶어서 순순히 목욕을 한다고 욕조에 들어갔다. 난 힘들지 않게 아이들을 씻겼다. 이것은 나의 육아 비법이었다.

Let's take a bath.
목욕하자.

Get in the bathtub.
욕조에 들어가.

Let me wash you with soap.
엄마가 비누칠 해줄게.

Let me wash your hair.
엄마가 머리를 감겨줄게.

아이들이 아플 때 부모의 가슴은 철렁 내려앉는다. 한 번은 휴가철에 동해 안으로 2박 3일 캠핑을 가려고 했다. 차에 캠핑장비를 가득 싣고서 남편 차 에 올라타는데, 딸아이의 컨디션이 평소와 너무 달랐다.

Sweetie, are you sick?
아가, 어디 아프니?

Mom, I'm not feeling well.
엄마, 몸이 안 좋아요.

나는 아이의 이마에 손을 대어봤는데 열이 나는 것 같았다.

I think you have a fever.
열이 나는 것 같구나.

Mom, I feel like throwing up.

엄마, 토할 것 같아요.

엄마의 불길한 예감은 적중했다. 나는 남편에게 잠깐 종합병원에 가보자고 했다. 우린 접수를 하고 진료를 받았다. 의사는 장염이니까 바로 입원하라고 했다. 우리의 캠핑은 무산되었다. 그래도 장염이니까 다행이라고 생각했다. 약먹고 치료받으면 며칠 고생하고 낫는 병이니까. 지나간 일이지만 그때를 잊을 수 없다.

우리의 휴가가 무산되고 겨울이 되었다. 우리는 겨울여행을 제주도로 갔다. 바다가 바로 보이는 호텔로 예약을 했다. 조식이 나와서 너무 편하고 좋았다. 제주에서 유명하다는 명소를 다니면서 맛집에서 밥을 먹는 것은 정말 행복한 힐링이다. 그리고 따뜻한 곳이어서 활동하기도 나쁘지 않다. 우린 우도 잠수함을 타러 갔다. 잠수함을 타고 밑으로 내려가니 정말 예쁜 물고기들이 많았다. 참 신기했다. 아이들이 말했다.

Wow! Look at the sea!

와! 바다 좀 보세요!

The sea is really blue.

바다가 정말 파래요.

Wow, I love it!

정말 좋아요.

　아이들과 이렇게 간단한 생활영어로 자신감을 심어주는 교육은 중요하다고 생각한다. 아무리 많이 배웠어도 쓰지 않으면 소용이 없다. 특히 영어는 언어이기 때문에 배우는 즉시 말하고 활용해야 한다. 어려운 문법 영어가 아닌 생활영어로 아이들과 서로 주고받으면 아이들은 점점 성장한다. 서툰 영어라도 자주 써먹자! 아이들이 좋아한다. "우리 엄마 영어 잘하네!"하고 엄마를 칭찬한다. 칭찬은 고래도 춤추게 한다고 한다. 칭찬받은 엄마와 아이들은 어떻게 될까? 눈부신 발전과 성공이 당신들을 기다리고 있다.

CHAPTER 02

생활영어는
학습이 아닌 습득이다

우리가 중·고등학생 때 배운 영문법을 생각해보면 참 어려웠던 것 같다. 학습으로 생각하니 머리에서 즐겁게 받아들이지 않는다. 그런 어려운 영문법 중 지금 사용하지 않는 것이 많다. 이것이 입시 영어의 단점이기도 하다.

하지만 생활영어는 바로바로 일상생활에서 쓸 수 있어서 쉽게 배우고 잊지 않는 것 같다. 학습이 아니라 습득이기 때문이다. 한 예로 아이들의 영어 유치원 원어민 선생님이 남아공에서 다시 오셨다. 미국에서 오신 피터, 레이첼 선생님이 1년 있다가 미국으로 가셨기 때문이다. 남아공에서 온 헤더, 로빈 선생님은 한국말을 조금씩 배우셨다. 왜 한국말을 배우냐고 물어보니, 한국에서 지내고 있으니 한국말을 알아야 한다고 하셨다. 그리고 쉬운 한국말, 한국에서 꼭 필요한 말 위주로 습득하셨다.

한 번은 아이들 유치원에서 감자 캐는 체험학습을 하게 되었다. 원장님은 우리 시댁이 감자를 심었으니 거기에 가서 원생들과 감자캐기 체험을 하면 어떻겠냐고 제안하셨다. 난 시어머니께 허락을 받고 체험학습에 우리 시댁 감자밭으로 가자고 했다.

6월의 어느날 KCIS 원생들과 원장님 부원장님, 헤더, 로빈, 나, 그리고 몇몇 학부모님이 우리 시댁으로 감자를 캐러 갔다. 시어머니는 원장님 내외와 헤더, 로빈 선생님을 점심 식사에 초대하셨다. 시어머니는 점심 식사 때 한국 전통의 맛을 보여주신다고 된장찌개를 하셨다. 그때 로빈이 했던 말이 생각이 난다.

"어모니, 된장 마시써, 깜사합니다. 어모니, 나 된장 조아해."

로빈은 생활 한국어를 정감 있게 말했다. 로빈은 생활 한국어를 금방 습득해서 우리 시어머니가 알아듣고 좋아하셨다. 어머니는 이렇게 말했다.

"아이구, 한국말도 잘하네. 어머니 아버지는 건강하신가? 애기는 있어요? 호호호, 맛있게 많이 먹어요. 우리 혜리, 지만이 잘 가르쳐주세요."

로빈은 알겠다고 말했다. 아마 호구 조사하는 듯한 우리 어머니의 말은 못 알아들었을 것 같다는 생각을 했다.

미국에서 사는 이종사촌이 놀러 우리 집에 온적이 있었다. 미국 남자와 결혼하여 아이 셋을 키우고 있는 워킹 맘이다. 첫째 딸인 메들린은 혜리와 동갑이다. 그래서 더욱 친하게 지낸다. 메들린은 우리 집에서 2박을 지내고 다른 곳으로 여행갔는데 그때 혜리와 나의 영어 실력이 조금씩 나왔다. 같이 밥 먹고 놀고 하다 보니 영어를 사용해야 하니까 생활영어, 거의 생존영어, 아무튼 알고 있는 모든 영어 지식을 총동원해서 영어로 말하기 시작했다. 그리고 하루가 지나자 대부분의 말을 다 이해하게 되었다. 참 신기하기도 하다. 바디 랭귀지도 통하고. 메들린이 한국말도 조금씩 써서 그런 거 같기도 했다.

그날 메들린은 혜리랑 놀고 늦게 잠을 잔 모양이었다. 그런데 저녁을 조금밖에 안 먹어서 배가 고픈 상태였나 보다. 내가 잠시 새벽에 화장실을 가려고 일어났는데 메들린이 수족관 옆에서 물고기를 보며 앉아 있는 것이 아닌가! 난 너무 놀라서 이렇게 말했다.

"What's the happen to you?"(*문법 맞는 건가요?)

메들린은 나에게 한국말로 "이모, 배고파요, 밥주세요."라고 말했다. 굳이 한국말로 안하고 영어로 해도 그 정도는 난 알아들었을 텐데 메들린은 나를 배려해서 한국말로 한 것 같다. 메디가 한국말을 하자 난 굳이 영어를 쓰지 않아도 된다는 마음에 기분이 좋았다. 역시 한국인 엄마가 있으니깐 이중언어를 사용했는데 한국말이 조금 서툴기는 했다.

메들린은 혜리가 다니는 계성초등학교에 참관수업을 신청했다. 그래야 혜리랑 같이 계성초 4학년 반에서 수업을 받을 수 있다. 난 ○○마트에 가서 메들린과 혜리랑 똑같은 원피스를 사서 쌍둥이처럼 입히고 학교에 보냈다. 그 뒤로 둘은 더 친해졌다. 교장 선생님은 4학년이었던 혜리와 같은 반 같은 옆자리에 메들린을 배치해주셨다. 교장 선생님께 감사드린다. 하루 동안 한국어 수업으로 거의 모든 과목을 들은 셈이다. 이해가 갔는지 안 갔는지는 모르지만 잊지 못할 추억을 만들었다고 감사하다고 했다.

한국에 온 지 1달 정도가 지나자 메들린은 한국을 여행하고 외할머니댁에서 며칠 머무르다가 미국으로 다시 돌아갔다. 이모는 미국에 살고 있는 메들린 엄마 주랑이를 보려고 덴버에 가셨다. 이모는 사위에게 영어로 무슨 말을 할지 생각하고 종이에 써서 가지고 가셨다. 소통이 하고 싶으신 거였다. 사위랑 장모님이랑 말이 통하려면 사위가 한국말을 조금 배우던가, 아니면 이모가 영어를 조금 공부하셔야 했다. 아무튼 미국으로 가신 이모는 딸을 보고 맛있는것도 많이 드시고 미국 구경도 많이 하시고 오셨다. 미국 사위는 장모님을 위해 한국말을 준비한 것 같았다.

"장모님, 사랑해요. 장모님, 감사합니다."

이모도 이에 뒤질세라 "I love you. Thank you very much." 이렇게 미국 사위에게 말하고 오셨다고 하신다. 미국 사위와 장모님의 마음이 통하신 것이다. 우리가 너무나 잘 아는 쉬운 생활영어로.

우리 아이들이 KCIS에 다닐 때 미국에서 온 바네사 선생님이 있었다. 바네사 선생님은 미국에서 태어난 한국인의 딸이다. 그녀의 부모님이 미국으로 건너간 뒤 바네사를 낳았기 때문에 한국말은 거의 못했다. 정말 생긴 것은 한국인처럼 생겼는데 사고방식은 완전히 미국인이었다. 난 바네사 선생님께 우리 집에서 묵으라고 하고 방을 내어드렸다. 그래서 또 원어민 선생님과 영어로 대화를 해야하는 상황을 만들었다. 딸과 아들, 그리고 나를 위해서 한 행동이었다.

바네사 선생님은 아이들과 공기를 하면서 놀아주셨다. 우린 기본적인 생활영어는 할 수 있어서 자신있게 최대한 짧게 알아듣기 쉽게 말했다. 우린 서로 말이 통했고 아이들과 보드 게임, 카드 게임, 할리갈리 등을 즐기며 재미있게 했다.

바네사랑 같이 한 놀이 중에서 '사이먼 가라사대 게임(Simon Says)'이 있었다. 신체감각을 활용해서 아이들의 자연스런 영어습득에 도움을 주었다. 이 게임이 좋은 이유는 영어듣기 능력을 높이고 일상 생활영어를 익히며 준비물이 필요 없기 때문이다. 'Simon says'라고 말하고 지시해야만 아이는 그 지시 내용을 행동으로 할 수 있다. 'Simon says'라고 하지 않았는데 선생님의 지시대로 하거나 다른 행동을 하면 '아웃'된다. 바네사는 우리 아이의 수준에 맞게 게임을 했다. 우리는 생활영어를 잘 익히게 되었다.

나는 아이들과 하루를 마무리할 때 거의 매일 동화책을 읽어주고 잠을 재웠다. 아이들은 그 시간을 기다리는 것 같았다. 초롱초롱한 눈으로 "엄마 빨리 책 읽어줘요."라고 말한다. 피곤할 때도 있었지만 그래도 아이들 동화책 읽어주는 시간만큼은 지키자고 마음속으로 다짐하고 이 시간을 소중히 여기며 동화책을 읽어 주었다. 아이들은 내가 읽어주는 이야기에 푹 빠져서 스르륵 잠이 들었다.

우리 아이 영어 영재로 키우는 법

It's time to go to bed.

이제 잘 시간이네.

I'm not tired yet.

아직 안 졸려요.

It's late. Jump into bed!

밤이 늦었어, 침대로 가렴.

Do you want me to sing a lullaby?

엄마가 자장가 불러줄까?

아이들은 내가 불러주는 자장가를 좋아했다. 내가 주로 불러줬던 노래의 가사는 "나의 살던 고향은 꽃 피는 산골/복숭아꽃 살구꽃 아기 진달래/울긋불긋 꽃대궐 차리인 동네/그 속에서 놀던 때가 그립습니다" 아니면 "엄마가 섬그늘에 굴따러 가면/아기는 혼자 남아 집을 보다가/바다가 불러주는 자장노래에/팔 베고 스르르 잠이 듭니다"였다.

Good night, Mom! See you in the morning!

엄마, 안녕히 주무세요, 아침에 만나요!

Good night! Sweet dreams!

잘자. 좋은 꿈 꿔!

우린 이렇게 밤인사를 하고 잠을 잤다.

이렇게 하다 보니 생활영어는 정말 학습이 아닌 습득인 것을 알게 되었다. 저학년 아이들이 영어문법을 배운다면 힘들 것이다. 문법은 규칙이 있고 외워야 하지만 생활영어는 당장 쓰는 말이기 때문에 아이들이 몸으로 자연적으로 배울 수 있다. 유아일수록 저학년일수록 학습이 아닌 생활영어로 습득해야 우리 아이가 영어를 적재적소에서 활용할 수 있을 것이다.

CHAPTER 03

생활영어,
이것만은 알고 시작하자

아이들의 모든 공부는 때가 있다고 한다. 그럼 우리 아이의 영어는 언제 시작하는 것이 좋을까? 많은 부모들의 무조건 빠를수록 좋다는 생각 때문에 영어 조기교육이 열풍이다. 어릴수록 학습효과가 높은 것으로 알려져 있기 때문이다. 하지만 어린아이에게 영어를 주입식으로 가르치면 오히려 영어에 대한 거부감이 생길 수 있다. 그래서 생활영어로 아이들과 대화할 때 우리가 알아야 할 것이 몇 가지가 있다.

그중 첫 번째는 가장 중요한 '지속성'이다. 영어교육자들은 "지속성을 유지하는 힘은 바로 아이들이 영어를 얼마나 즐겁고 재미있게 시작하느냐에 달려 있다."라고 조언한다. 생활영어로 영어교육을 해야 하는 이유이다. 생활영어라고 해서 거창할 것은 없다. 엄마가 뽀뽀해주는 장면은 하루 중에 많은 시간일테니, 아이에게 뽀뽀해주면서 영어로 숫자세기를 한다거나 손, 볼, 팔에 뽀뽀를 하면서 신체 부위를 영어로 아이와 함께 말하면 된다.

두 번째는 생활영어는 특별히 엄마가 영어를 잘하지 않아도 가능하다. 시중에 엄마표 영어책이 많다. 그중에 본인이 맞는 것을 선택해서 아이와 함께 즐겁게 하면 된다고 생각한다. 『박현영의 슈퍼맘 잉글리시』에서는 엄마의 역할이 아이의 말하기 습관을 길러주는 것임을 강조하며 이렇게 말하고 있다.

"입을 크게 벌리고 큰 소리로 말하는 훈련이 습관이 되게끔 힘을 키워주는 것이 어릴 적부터 엄마의 역할이다. 말을 잘할 수 있는 습관을 들여주는 건 엄마가 줄 수 있는 인생 최고의 선물이다."

말하기는 결국 훈련인데 일상에서 오래, 많이 훈련을 하려면 습관이 되어야 한다는 것이다. 책에서는 당장 성과가 나지는 않더라도 어느 날 말문이 터질 것이라고 이야기한다.

세 번째, 생활영어를 할 때는 영어단어가 조금 틀렸어도 아이에게 꾸지람을 하지 않고 오히려 잘한다고 칭찬을 해야 한다. 아이가 그렇게 영어로 그 상황을 말하는 것은 결코 쉬운 것이 아니라고 생각한다. 아이가 인지를 하고 난 후에 이런 문장도 있었다고 알려주는 편이 훨씬 좋다.

3~6세는 종합적인 사고의 인간성, 도덕성을 담당하는 전두엽이 집중적으로 발달하는 시기이므로 예절 교육과 인성 교육을 하면 예의 바르고 인간성 좋은 성인으로 자라게 된다. 이 시기에 아이에게 많은 장소에서 훈육하기보다는 아이와 단둘이 눈을 마주치고 조용히 훈육하는 것이 좋다. 아이가 상처받을 만큼의 심한 훈육은 피해야 한다. 부모의 인성이 바르고 예의 바르면 아이도 예의 바르고 인성이 훌륭한 아이로 자라게 된다. 아이는 부모의 거울임을 기억하자.

네 번째, 생활영어를 할 때는 여러 번 틀려도 다시 한 번 문장을 큰 소리로 여러 번 말해보는 것이 중요하다. 자기 소리가 들리게 크게 말해야 한다. 그래야 뇌까지 전달되어 이해할 수 있다.

6~12세에는 언어의 뇌로 불리는 두정엽과 과학의 뇌로 불리는 측두엽이 발달한다. 이 시기에는 외국어 교육을 비롯한 말하기, 듣기, 읽기, 쓰기 교육에 효과적이다. 영어책으로 고전 명작 등을 다독하면 영어 어휘 실력이 상당히 향상된다.

다섯 번째, 아이들이 상황별로 여러 가지 표현을 골고루 할 수 있도록 베스트 10표현을 만들어 놓고 표현을 여러번 읽고 완전히 입에 익숙하게 익힌다. 아이가 즐겁게 할 수 있는 생활영어로 시작하면 영어를 저절로 습득할 수 있으므로 아이도 엄마도 부담 없이 영어를 즐길 수 있다.

김숙희 작가는 『엄마가 가르치는 우리 아이 영어 몰입 교과서』에서 아이에게 영어환경을 조성해주는 가장 좋은 방법은 놀이라고 이야기한다. 특히 취학 전 유아들은 그때 신체적, 사회적, 지각적, 감성적인 발달이 이루어지기 때문에, 영어교육도 놀이로 접근하면 좋다고 소개한다.

여섯 번째, 영어를 다시 배운다는 생각으로 아이와 함께 배우면 된다. 엄마들과 생활영어를 상담하다 보면 이런 질문을 많이 받는다. 답은 이미 엄마들도 잘 알고 있다. 예전의 영어교육과는 달리 요즘 아이들이 배우는 영어 표현들은 현지에서 쓰는 문장이 많다. 나도 외국에서 유년시절을 보내지 않았기 때문에 가끔 아이가 묻는 일상적인 단어를 모르기도 한다. 잘 모르는 단어는 "엄마도 잘 모르겠는데 우리 함께 찾아보자."라고 말하고 아이와 함께 휴대폰이나 사전에서 단어를 찾아본다. 그리고 원어민의 발음도 함께 들어보고 따라 해야 한다. 이처럼 영어는 아이만 공부하는 것이 아니다. 부모도 함께 배우고 즐기는 과정이라 생각해야 한다. 너무 조급해하지 말고 아이와 함께 배우며 습관을 들여야 한다.

일곱 번째, 아이가 좋아하는 영어 그림책을 많이 읽어주고, CD로 매일 영어에 귀를 노출시켜라. 그러면 힘들지 않게 아이랑 생활영어를 할수 있다. 모국어가 노출이 안 되어서 아이가 인풋이 안 된 상태라면 아웃풋은 일어날 수 없다. 아이의 대답을 고대하면서 기다려줘야 한다.

생각은 결국 뇌에서 시작하는 것이다. 뇌도 발달 단계가 있다. 소아신경과 전문의 김영훈 교수의 『삐뽀삐뽀 119 소아과』에 뇌 발달 5단계가 설명되어 있다. 간단히 소개하면 다음과 같다.

1단계(생후24개월) :   오감각과 시냅스가 급격히 발달

2단계(생후 48개월) : 종합적인 사고와 정서적 안정의 기초를 다지고, 관계를 통한 학습이 중심적으로 이루어지며, 전두엽과 변연계가 활발하게 발달

3단계(학령 전까지) : 창의력과 정서발달이 중요한 전두엽과 우뇌가 발달

4단계(초등학생) :   언어의 뇌가 발달하고, 이어서 수학이나 추상적 개념의 뇌가 발달

5단계(20세) :   시각의 뇌가 발달해 시각적으로 추상적 개념을 이해할 수 있고 변연계가 활성화

아이들의 대답을 기다리는 부모가 어떤 표정을 지으면 좋을까? 표정은 마

음속에 품은 감정이나 정서 따위의 심리상태가 겉으로 드러나는 모습을 말한다. 부모의 표정이 얼마나 중요한지 SBS 〈영재발굴단〉에 소개된 화학천재 희웅이의 이야기를 보면 알 수 있다.

희웅이의 부모님은 청각장애인이다. 잘 듣지 못하는 자신들 때문에 아이의 재능을 뒷받침해주지 못하는 것 같다며 안타까워하는 모습이 전파를 탔다. 하지만 그들은 희웅이가 화학에 대한 이야기를 신나게 할 때 잘 듣지 못해도 한시도 눈을 떼지 않고 따뜻한 사랑의 눈길로 바라보는 모습으로 시청자들에게 감동을 주었다.

우리가 아이를 위한답시고 하는 모든 것이 정말 아이가 원하는 것인지 생각해봐야 한다. 엄마는 정말 바쁘다. 아이에게 해주고 싶은것들이 너무 많다. 그러나 정작 아이가 원하는 것을 물어보고 그대로 해준 적이 있는가? 사실 이 물음에 나도 부끄럽다.

표정은 자신의 의도를 담고 있는 사회적 행동이라는 생각에 깊이 공감한다. 그래서 나는 아이에게 전달하고 싶은 생각과 마음을 먼저 정의해 보면 좋을 것 같다는 생각이 들었다. 나는 우리 아이들에게 항상 다음과 같은 의도를 전달하고 싶다.

"엄마는 너를 너무너무 사랑하고, 너와 함께하는 순간순간이 너무 행복하고 고마워. 네가 말하는 모든 것이 다 신기하고 기대되고 너무 듣고 싶은 마음뿐이야."

이런 마음을 가슴에 안고 생활영어를 한다면 우리 아이들은 자신 있게, 재미있게 생활영어를 하게 될 것이다.

외출할 때 옷 입는 상황을 생각해보자. 여자 아이들은 유독 핑크 옷을 좋아하는 것 같다. 나도 그런 공주풍의 핑크드레스를 많이 입혔던 것 같다.

What do you want to wear today?

오늘 무슨 옷을 입고 싶니?

I want the pink dress.

나는 핑크 드레스를 입고 싶어요.

You'll go out today.

오늘 밖에 나갈 거야.

How about pants?

바지는 어떠니?

No! I like my pink dress.

싫어요. 전 핑크 드레스가 좋아요.

CHAPTER 04

엄마는 최고의
영어 파트너이다

'아이는 엄마의 거울이다.'라는 말을 자주 들어봤을 것이다. 엄마는 아이의 학습, 발달과 가장 밀접한 관계를 맺고 있다. 엄마의 행동과 말투 하나하나가 아이들에게 직접적으로 미치는 영향은 말로 형용할 수 없을 정도다. 아이들이 크면서 말투나 행동이 엄마와 똑같아지는 것을 보면 그저 놀라울 따름이다.

아이가 어렸을 때 함께 놀아준 것이 제일 잘한 일인 것 같다. 전문 직업이 있었지만 아이들 양육을 하는 것이 행복하다고 생각했기 때문에 난 육아를 혼자 했다. 남편도 많이 도와 주었지만 남편이 회사에 가면 아이들은 나와 있는 시간이 대부분이었다.

난 어떻게 하면 아이들을 잘 교육할 수 있을까 생각했다. 지금 생각해보면 아이들과 이런저런 활동을 많이 했다. 난 유아 영어 피아노자격증을 숙명여대 대학원에서 땄다. 그래서 영어로 피아노 가르치는 유아 영어 피아노 그룹 수업을 하게 되었다. 5~7세 반 아이들이 대부분이었다. 난 영어 스토리텔링을 하면서 영어 그룹 수업을 진행했다. 아이들은 재미있었는지 수업에 빠지지 않았다. 대부분 아이들은 활동이 끝나고 나면 엄마들이 픽업을 오셔서 엄청 좋아했다.

난 유아 영어로 우리 딸에게 피아노를 가르쳤다. 5살 때였는데 슈베르트의 '송어'를 가르쳤다. 테마 위주로 쉽게 나온 유아들 치는 피아노 교재이다. 듀엣곡으로 나와서 딸과 함께 파트너가 되어 잘 연주를 하고 싶었다. 그런데 우리 딸은 그때가 가장 싫었다고 했다. 왜 싫어했는지 이유를 물었다. 딸은 입을 열어 말했다. 송어 피아노 레슨할 때 아침 먹고 레슨을 받았는데 점심 시간이 지나도록 밥은 안 주고 계속 레슨만 해서 너무 힘이 들었다는 것이다.

가만히 생각해보니 5살 아이를 피아노 의자에 거의 3시간 정도 앉혀 놓고 레슨을 한 셈이었다. 정말 미친 짓이었다. 그때는 왜 몰랐을까? 딸은 악몽 같

우리 아이 영어 영재로 키우는 법

았다고까지 했다. 내가 자기를 괴롭히는 마녀인 줄 알았다고. 난 딸에게 미안하다고 사과했다. 그리고 딸은 내가 아는 지인인 피아노 선생님에게 레슨을 받았다. 난 최악의 파트너였다.

미국의 언어학자 노암 촘스키 박사의 견해에 따르면 아이들은 LAD (Language Acquisition Device : 언어습득장치)를 갖고 있다고 한다. 그래서 아이들 뇌에 자연스럽게 외국어가 노출되면 이를 분리해서 각각의 언어에 따라 저장되어 일찍 외국어를 접한 아이들은 본능적으로 모국어와 동일하게 받아들일 수 있다는 것이다. 이 장치는 사춘기가 지나면서 대부분 서서히 사라진다고 한다.

이중언어 학자로 유명한 캐나다 토론토 대학의 커민스 교수는 "이중언어 교육을 받은 학생이 그렇지 않은 학생보다 융통성이 있는 사고력을 갖고 있다."라고 지적하며 "모국어를 능숙하게 사용할수 있다면 외국어 역시 능숙하게 사용할 수 있다."라고 말한다.

어느 가을 날 난 여성의 전당에서 '브런치' 요리를 배우게 되었다. 그곳에서 알게 된 중년 여성이 인상 깊었다. 그녀는 요리를 하며 자녀 교육에 대해 말하고 있었다. 아들의 영어교육에 대해 그녀는 이렇게 말했다.

"저는 아들의 영어 공부를 위해서 어릴 때 필리핀으로 가서 몇 년 살다가 한국에 들어왔어요. 지금은 영어를 자유자재로 한답니다."

그 집 아이는 중학교 3학년 때 학교장 추천받아서 서울에 있는 삼육고등학교에 입학했다. 엄마가 아이와 좋은 파트너가 되어서 서로 시너지 효과를 내고 있었다.

아이의 책 중에 『현명한 알로이스』라는 스위스 동화가 있다. 주인공인 알로이스는 도시로 공부하러 가서 동물들의 말을 배워온다. 북쪽 도시에서는 개구리의 말을, 동쪽 도시에서는 개의 말을, 남쪽 도시에서는 물고기의 말을 배워왔다. 알로이스의 아버지는 동물의 말을 배우는 것이 쓸모없는 짓이라고 생각했다. 하지만 알로이스는 동물들의 말을 열심히 배운 덕분에 죽을 뻔한 사람도 살리고, 왕이 낸 문제를 풀어서 재상의 자리에도 오르게 된다.

이 이야기는 말을 배우는 것이 얼마나 중요한지를 보여준다. 다른 나라말을 배운다는 것은 의미 있는 일이며, 그 나라 사람들과 대화를 나눌 수 있고 글을 읽을 수 있으므로 자연스럽게 그 나라의 문화에 대해 알 수 있다는 점을 가르쳐준다.

우리는 국제화 시대에 살고 있다. 수출을 많이 하는 우리나라의 특성상 영어를 제2외국어처럼 사용하는 것은 커다란 장점이 될 것이다. 때문에 어린 아이들에게 영어를 배우게 하는 부모들이 늘어나고 있다. 영어를 시작하는 아이에게는 생활영어나 활동을 통해 일상적으로 자연스럽게 영어에 노출시키는 것이 중요하다. 암기식이 아닌 일생생활에서 즐겁게 생활영어를 하는 것이다.

우리 딸은 영어 말고도 지금 중국어를 배우고 있다. 힘들지 않냐고 물었다. 아이는 중국어가 재미있다고 한다. 배운 중국어는 집에서 한 번씩 말하기도 한다. 난 못 알아듣지만 딸은 한국말로도 뜻을 말해주고 중국어로 말해주니 더할 나위 없이 좋다. 가끔 나는 딸과 함께 중국어 공부를 같이 한다. 국제화 시대에 맞추어 이제는 중국어를 배워야 한다는 생각이 든다. 중국이 강한 나라가 되어가고 있기 때문이기도 하다. 이제 미국도 중국의 제품을 사용하지 않을 수 없다. 왜냐하면 중국제품이 가성비 갑이기 때문이다. 미국인들은 중국의 값싼 노동력으로 만드는 제품을 제일 많이 소비하는 사람들이다. 미국인들이 중국어를 배우는 날이 곧 올 것이다.

난 아이들에게 스토리텔링을 하면서 책을 읽어 준 적이 있다. 『아기 돼지 삼형제』 영어 그림책인데 동화책 내용을 손 인형으로 연극처럼 보여주었다. 아이들은 너무 재미있다고 손뼉을 치며 "엄마 또 해줘, 또 해줘."라고 이야기 했다. 아이들이 신나해서 나는 다시 아기 돼지 삼형제를 손 인형으로 연극처럼 보여줬다. 아이들은 내 이야기에 귀를 쫑긋 세웠다. 늑대가 집을 날려버리는 장면에서 숨을 죽이며 기다렸다가 "후~" 하고 바람부는 흉내를 내면 아이들은 몰입해서 영어 동화를 들었다. 나는 아이들을 재울 때 항상 동화책을 읽어주고, 구연동화를 해주었다. 잘 때마다 축복기도를 해주는 것도 잊지 않았다.

후지하라 가즈히로의 『책을 읽는 사람만이 손에 넣는 것』에서는 부모가 아이에게 책을 읽어주는 것은 정서적으로는 물론 뇌 과학적으로도 좋은 방법이라고 말한다. 책을 읽어주면 부모와 자식 간의 유대 관계가 깊어진다는 것이다.

내 후배 L은 1년 동안 휴직기를 내고 아이들 2명과 미국에 가서 1년 동안 살고 왔다. 후배는 미국 교육 시스템이 아이들에게 좋다고 말을 했다. 특히 도서관에서 아이들을 위해 진행하는 프로그램 시간표를 보면서 적극적으로 참여했다고 했다. 보통 오전 시간엔 'Story Telling' 또는 'Stories and Song' 프로그램이 있었다고 한다. 동화책을 읽으며 노래를 불러주는 프로그램이다. 오후에는 과학, 미술 등 활동적인 수업 위주의 프로그램이 무료로 진행되었다고 한다. 이렇게 아이들의 영어교육에 발맞추어 나아가는 엄마와 아이는 최고의 영어 파트너임이 틀림없다.

청심국제중학교 학생 5명의 엄마들이 쓴 『영어의 신 엄마가 만든다』라는 책을 보면 2학년에 재학 중인 준우 학생이 엄마와 함께 공부를 했다는 내용이 나온다. 언어학자 촘스키의 "외국어는 초등학교 시절에 배우는 것이 좋다."라는 말을 들은 준우 엄마는 언어 습득 장치가 왕성한 이 '결정적 시기'에 자신의 많은 시간과 비용을 투자했다. 준우와 함께 영어를 공부하면서 시간이 날 때마다 서로 대화를 많이 나누었다. 재미있는 영어책을 읽다가 좋은 문장이 나오면 서로 말해주고 토론하는 시간도 가졌다. 그리고 준우가 재미있게 읽을수 있도록 『스토리 붐붐』 시리즈 등의 쉬운 영어 이야기책을 계속 읽게 했다. 그러자 준우는 영어에 대한 두려움을 없앨 수 있었고 실력도 점차 향상 되었다. 게다가 엄마와 많은 대화를 나눈 덕분에 사이가 더욱 돈독해지고 토론과 발표 능력도 많이 향상되었다.

준우 엄마가 아이에게 영어에 흥미를 잃지 않도록 수시로 대화하며 아이에게 자극을 주었다는 점은 우리에게 시사하는 바가 크다. '엄마표 영어'란 엄마가 직접 영어를 가르치려 드는 것이 아니라 함께 영어를 공부하고 좋은 문장을 나누고 토론을 통해 많은 생각들을 나누는 것이다. 이것이 준우를 국제중학교로 보내고 준우 엄마가 책을 쓸 수 있도록 만든 원동력이 아닐까 생각한다.

CHAPTER 05

우리 아이
오감 발달 생활영어

오감이란 무엇일까? 오감은 5가지의 감각, 시각, 청각, 촉각, 미각, 후각을 말한다. 이 감각을 통해 아이들은 세상을 경험한다. 그래서 오감 발달을 위한 자극은 아이에게 세상을 경험하는 길이 되고 그 경험의 느낌으로 아이가 세상에 대한 반응을 하게 되는 것이다. 즐거운 오감 발달 생활영어 놀이를 통해 아이는 세상을 즐기고 긍정적인 정서 경험을 할 수 있다는 것이다.

특히 오감 발달은 혼자 하는 것이 아니라 상대와의 소통을 통해 훨씬 자극되고 발달되는데, 그 상대는 보통 부모님이다. 아무리 바빠서 시간을 내기 어려워도, 아이의 밥을 먹인다거나 목욕을 시킨다거나 잠을 재운다거나 하는 시간은 꼭 있기 마련이다. 따라서 일부러 놀이시간을 내지 않고 함께 무언가 하는 시간을 활용하면 좋다.

간식 먹는 시간을 활용한 오감 발달 생활영어를 해보자. 나는 아이들에게 떡볶이를 만들어주었다.

Come and eat some tteokbokki.
와서 떡볶이 먹으렴.

Wow! It looks so good!
우와! 정말 맛있겠다!

Is it any good?
맛있어?

A bit spicy but very good.
조금 맵지만 아주 맛있어요.

이외에도 맛을 표현하는 문장이 여러 개 더 있다.

It's so delicious!
아주 맛있어요.

It's very sweet.

진짜 달콤해요.

It's very crispy.

엄청 바삭해요.

It's too salty.

너무 짜요.

It's too sour.

너무 셔요.

This tastes a little bitter.

맛이 써요.

목욕시간을 활용한 오감 발달 생활영어를 해보자. 아이를 보통 욕실에서 씻기기 때문에 작게 불러도 소리가 웅웅 울리면서 커진다. 그래서 목욕하면서 노래를 불러주고 아이와 허밍을 하며 같이 즐거운 시간을 가지는 것도 좋은 방법이다. 요즘은 물에도 잘 녹지 않는 안전한 성분의 거품목욕용품이 있어 오감 놀이 하기가 한결 수월하다. 몽글몽글한 거품을 만져보고 아빠 코에도 묻혀보고 아이에게 반지도 만들어주면서 오감 발달에 좋은 생활영어 놀이를 할 수 있다. 목욕하는 중이라고 생각하자.

It's bath time!

목욕할 시간이야!

Did you fill the bathtub?

욕조에 물 받았어요?

Yes! Enjoy your bath.

그럼 즐겁게 목욕하세요.

Please give me my bath toys.

목욕 장난감 주세요.

Dry yourself with a towel.

수건으로 물기 닦아.

Let me blow-dry your hair.

드라이로 머리 말리자.

Now put on your pajamas.

이제 잠옷 입어.

생활영어가 별거 아니라고? 이미 하고 있다고? 물론이다! 이미 많은 가정의 부모님들이 각자 아이들의 스타일에 맞게 자극을 주고 있다. 중요한 것은 아이 혼자 하는 것을 바라만 보는 것이 아니라 옆에서 아이의 행동에 반응해주고 함께 웃고 즐기는 것이 발달에 촉매제 역할을 한다는 것이다.

잠자는 시간을 통해 오감 발달 생활영어 놀이를 해보자. 잘 때 무슨 놀이를 하냐고? 잘 때 너무 신나는 놀이를 하면 곤란하다. 하지만 잠이 잘 오는 오일로 마사지를 해주며 노래를 불러주거나 이야기를 들려주는 활동은 충분히 도움이 된다. 특히 잠자기 전 의식처럼 해주는 마사지나 노래 불러주기는 아이의 심신을 안정시키는 데 도움이 된다. 유치원과 학교에서, 놀이터에서 배우고 노느라 무척 바빴던 우리 아이가 푹 자고 일어날 수 있도록 다정한 목소리로 '오늘 하루도 무사히 지나갔습니다.' 인사하고 재워야 한다. 잠을 재우는 생활영어 상황을 생각해보자.

I feel sleepy.
졸려요.

Time for beddy-bye. Put on your jim-jams.
코 잘 시간이야. 잠옷 입어.

Good night, Mom! See you in the morning!
엄마 안녕히 주무세요. 아침에 만나요.

Good night! Sweet dreams!
잘 자. 좋은 꿈 꿔.

오감 중 시각적 반응을 나타내는 미술 시간을 생각해보자. 나는 아이들이 유아기 때 벽에다 그림 그리는 것을 싫어했다. 스케치북에다 그리라고 아이들을 혼내기도 했다. 우리 아이는 스티커 붙이는 것을 워낙 좋아해서 방마다 스티커 없는 방이 없었다. 그러다 보니 어느새 아이와 같이 스티커 놀이를 하고 그림을 그리고 있었다. 사실 나는 그림을 엄청 못 그렸다. 딸보다 더 못 그렸다.

What are you working on, honey?
우리 딸, 뭐 하고 있어요?

I'm drawing a princess.
공주 그리고 있어요.

Wow! What a wonderful picture!
우와! 정말 멋진 그림이네.

Do you mean it?
진짜요?

이번에는 사자를 그린 딸을 보자.

Mom, look at the lion I drew.
엄마, 제가 그린 사자 좀 보세요.

Great! Did you draw this by yourself?
멋지다. 이거 네가 혼자 그렸니?

You did a really good job!

정말 잘 그렸네.

Show this to Daddy when he gets home.

아빠 오시면 이거 보여드리자.

아이들은 밖에 나가 노는 것을 정말 좋아한다. 나도 밖에 나가는 것을 즐긴다. 그런데 하루종일 아이들을 내버려두어서는 안 된다. 시간 관념도 익혀야 하고 약속을 했으면 지키는 것도 중요하다는 것을 가르쳐야 한다. 아이가 밖에서 노는 상황을 생활영어로 생각해보자.

Can I play outside?

밖에서 놀아도 돼요?

You can't stay out long.

밖에 오래 있으면 안돼.

How long can I play?

얼마나 놀아도 돼요?

Until 3 o'clock.

3시까지.

아이들은 소꿉놀이를 정말 좋아했다. 그중에서 병원 놀이 장난감이 단연 인기여서 많이 갖고 있었던 것 같다. 아기 인형을 놓고 병원놀이를 했다. 그 당시를 생각해보면 소아과에 갔을 때 의사 선생님이 어떻게 하는지 잘 기억했다가 똑같이 역할놀이를 했다. 그럴 때의 생활영어를 살펴보자.

Let's go to see a doctor.
병원에 가자.

Do I have to get a shot?
주사 맞아야 해요?

Let's go to see an eye doctor.
안과에 가보자.

The hospital is crowded.
병원에 사람이 많네.

Let's hurry up! The hospital opens until 5 o'clock.
서두르자. 병원이 5시까지 해.

유아의 언어 발달과 언어 장애 분야에서 세계적 권위자로 알려진 로버트 오웬스는 레아 펠든과의 공동 저서 『두뇌발달 놀이대화』에서 다음과 같이 강조했다.

"아이의 어휘력을 발달시키는 가장 중요한 노하우 중 하나는 천천히 또박

또박 말해주는 것이다. 아이에게는 낱말의 경계를 확인할 시간이 필요하기 때문이다. 만약 엄마가 빠르게 모든 낱말을 줄줄이 이야기하면 대체 무슨 말인지 알아차리기 어려울 것이다. 아이와 영어로 오감 발달 생활영어를 할때는 천천히 또박또박 말해주자. 생활영어는 엄마가 영어를 '가르치는' 것이 아니라 영어로 '함께 노는' 것이다. 아이가 좋아하는 오감 발달 생활영어로 매일매일 인내심을 가지고 놀아주다 보면 어느 날 아이는 영어가 생활의 일부라는 것을 받아들이게 된다. 의욕이 너무 앞서 많은 것을 알려주려고 하면 아이들은 빨리 지쳐버린다. 아이의 컨디션에 맞춰 오감 발달 생활영어를 해주고, 주제나 소재에 따라 간단한 단어나 영어 표현을 몇 개라도 쉽고 즐겁게 할 수 있도록 하자."

CHAPTER 06

일상을
영어회화로 말하기

나는 문화원에서 영어회화 수업을 듣고 있다. 그곳에서 좋은 분들을 많이 만났다. 원어민 선생님인 L을 만나서 수업을 듣는다. 우리는 일주일에 2번 수업을 한다. 회화 수업에 온 사람들은 나보다 나이가 많았다. 그러나 열정만큼은 그들을 따라갈 사람이 없었다. 영어에 대한 열정이 대단했다. 다들 나보다 열정적으로 수업 준비를 해오셔서 나에게 항상 동기 부여가 되었고 더 열심히 하고자 결심을 했다.

일주일 동안 무슨 일이 있었는지 영어로 말하고 한국어를 하면 벌금을 내는 날이었다. 벌금은 1,000원이었다. 나는 영어로 말하다가 영어가 갑자기 생각나지 않아서 한국어로 말했다. 모두 나를 쳐다보았다. 아… 걸렸다. 벌금을 내야 한다.

우리 영어회화 동아리 회장 언니는 열정이 넘쳤다. 우리는 영어 시간에 배운 문장을 가지고 남산으로 야외수업을 하러 갔다. 회장 언니가 제안한 일이었다. 우린 모두 좋다고 했다. 벚꽃이 핀 남산은 너무 아름다웠다. 우리는 자리를 잡고 앉아서 문장을 외우는 퀴즈를 팀을 짜서 했다. 그런데 신기하게 학생때의 마음처럼 마음이 콩닥콩닥거렸다. 순서를 기다리며 영어 문장을 외우고 있는 나를 보게 되었다. 오랜만에 느껴보는 학구열이었다. 결국 우리 팀은 통과했고, 벌금도 내지 않고 맛있는 점심을 먹었다.

수업마다 각 페이지를 보고 한국어 문장을 영어 문장으로 말하는 테스트 시간이 항상 있었다. 이때가 가장 긴장이 되었다. 공부를 안 하면 바로 들켜버리기 때문이다. 회원들은 대화를 달달달 외워서 실전 대화처럼 했다. 그래서 더 재미가 있었던 것 같다. 그러면서 회화 실력이 늘어나기 시작했다.

다음은 내가 그동안 배웠던 책 3권에 대한 예시 문장이다. 영어 문장을 크게 말할수록 영어 실력은 올라간다. 『하루 30분씩 30일이면 미국 초등학생처럼 말할 수 있다』 1과를 보면 이런 말들이 나온다.

I was fat when I was young, but I am thin now.

나는 어렸을 때 뚱뚱했다. 하지만 지금은 말랐다.

You hate baseball, then why did you play baseball yesterday?

너는 야구를 싫어하잖아. 그런데 왜 어제 야구를 했니?

I will go to school tomorrow. Will you go, too?

나는 내일 학교에 갈 거야. 너도 갈거니?

She loves me, but she will leave me.

그녀는 나를 사랑하지만 그녀는 나를 떠날거야.

『하루 30분씩 30일이면 미국 중학생처럼 말할 수 있다』 13과를 보면 이런
예시들이 나온다.

I have a stomachache.

나 배가 아파.

If I were you, I would go to the hospital.

내가 너라면 병원에 갈 텐데.

If I had a car, I would go.

내가 차가 있다면 갈 텐데.

Why don't you take a cab?

택시 타지 그러니?

I don't have any money. Can you lend me some?

돈이 없어. 빌려줄 수 있니?

If I had money, I would lend you some.

내가 돈이 있다면 빌려줄 텐데.

내가 공부했던 영어책은 『3030 English』 시리즈였다. 그중에서도 『하루 30 분씩 30일이면 미국인과 데이트 할 수 있다』는 재미있는 표현들이 많았다.

I really enjoyed our date.

우리 데이트 정말 즐거웠어요.

I have your number.

당신 번호를 가지고 있어요.

I will call you tomorrow.

제가 내일 전화할게요.

We can pick a time to go and see that movie.

그 영화 보러 갈 시간을 정해보죠.

I'm off at six on Fridays.

전 금요일에는 6시에 끝나요.

난 영어회화에 관심이 많아서 일주일에 한 번씩 원어민 선생님 수업도 들은 적이 있었다. P 선생님은 아는 지식이 많으셨다. 설명을 영어로 쫙 해주셔서 듣기 수업에 도움이 많이 되었다. 그리고 사용하시는 교재도 적절했던 것 같다. 많은 사람들은 아니어도 영어회화에 관심 있는 사람들은 P 선생님을 찾아왔다. P 선생님은 한국남자와 결혼하여 이곳에 터를 잡으시고 영어를 가르치셨다. 그 모습이 보기 좋았다. 선생님과 개인적인 얘기를 잠깐 했는데 힘든 사정이 있어서 영어강사로 일해야 한다고 하셨다. 남편이 빨리 쾌차 하시길 바랄뿐이다.

어느덧 은행잎이 떨어지는 가을이 되었다. 나는 작은 도서관에서 준비중인 영어 관련 강좌를 우연히 접하게 되었다. 수업이 무료고, 시간도 저녁 7시라 딱 맞고, 시청에서 지원하는 프로그램이라서 수업의 질도 좋다고 생각했다. 그리고 그곳에서 새로운 인연들을 만나게 되었다. 영어회화 수업이 시작되었다. 선생님은 미국에서 10년간 미군들을 가르치신 분이라 카리스마가 있으셨다. 수업도 재밌고 사람들도 만나게 되어서 즐거웠다. 그래서 빠지지 않고 열심히 수업에 참석했다.

K선생님은 『매일 10분 기초 영어회화의 기적』 생활영어편, 여행영어편 2권의 교재를 가지고 회화 수업을 진행하셨다. 그중 생활영어를 살펴보자. 우선 make 문장 훈련이다.

Thanks, you made my day!

고마워. 네 덕에 하루가 행복해졌네.

How do you make your living?

어떻게 생활비를 버시나요?

Let's not make a fuss of this.

이런 일로 법석 떨지 말자.

He is just making lame excuses.

그는 그저 궁색한 변명을 하고 있어.

You made it!

네가 해냈어!

You're making a huge mistake.

너 지금 큰 실수를 하고 있는 거야.

다음은 take 문장 훈련이다.

I am going to take a short break.

난 짧은 휴식을 취할 거야.

There's no rush, so take your time.

서두를 것 없어, 그러니 시간을 갖도록 해.

We need to take action against our noisy neighbor.

우리의 시끄러운 이웃에 대해 조치를 취해야겠어.

Taking a warm bath will help you sleep.

따뜻한 물로 목욕하는 것은 네가 자는 데 도움이 될 거야.

Just take a deep breath and calm down.

심호흡하고 진정해.

Guys! Take a look at this movie poster!

얘들아, 이 영화 포스터 좀 봐!

작은 도서관에서 수업을 받을 때 K선생님은 모두에게 스피치 발언 기회를 주겠다고 하셨다. 우린 일상생활에 있었던 일을 영어로 문장을 만드느라 바쁘게 수업에 임했다. 그중에 아직도 생각나는 것이 버킷리스트를 영어로 적는 것이었다. 한글로 버킷리스트를 적어본 적은 있는 것 같은데 영어로 해본적은 한 번도 없어서 망설였다. 나는 데이비드와 한 팀이 되었다. 나보다 영어를 더 잘하는 데이비드와 같은 팀이 돼서 너무 좋았다. 데이비드는 술술 영어로 잘 써 내려갔다. 작성이 끝나자 K선생님은 각 조마다 버킷리스트를 읽어보라고 했다. 내가 읽는다고 했다. 버킷리스트에는 이런 것들이 있었다. '멋진 스포츠카를 타고 라스베이거스에 도착하여 게임을 하고 대박나서 100억을 받아 그 돈을 차에 싣고 멋진 레스토랑에서 제일 맛있는 음식을 먹고 최고급 호텔에서 지내며 미국 유명 관광지역 명소를 여행하고 오는 것이다.'

아이들이 간식 먹는 상황을 생각하며 생활영어를 해보자. 음식 먹을 때 아주 유용한 문장들이 있다.

Would you like something to eat?

뭐 좀 먹을래?

What do you want for a snack?

간식 뭐 먹을래?

I want something yummy.

맛있는 거 주세요.

Try not to eat too much between meals.

밥 먹기 전에 너무 많이 먹지 마.

Come and eat some tteokbokki.

와서 떡볶이 먹으렴.

Wow! It looks so good!

와! 맛있겠다.

Is it any good?

맛있어?

A bit spicy but very good.

조금 맵지만 맛있어요.

It's so delicious.

진짜 맛있어요.

It's very sweet.

진짜 달콤해요.

It's very crispy.

엄청 바삭해요.

It's too salty.

너무 짜요.

It's too sour.

너무 셔요.

This tastes a little bitter.

조금 써요.

생활영어를 하면
달라지는 것들

사람은 환경의 영향을 받는다. 친구는 세상 그 무엇보다 값지다. 사람이 맺는 여러 종류의 관계 중 '친구'의 중요성은 날이 갈수록 더 커지고 있다. 아이들을 보면 그 부모를 알 수 있고, 친구를 보면 그 사람을 알 수 있듯이 사람을 사귈 때는 그의 환경이나 전력을 고려해야 한다.

내 아이의 영어 친구도 마찬가지다. 영어를 좋아하고 즐기는 분위기로 가득 차 있는 곳에서는 내 아이도 영어를 좋아하고 즐거워한다. 반면 영어를 좋아하지 않는 아이들이 많은 분위기에서는 아이도 순응하게 되기 때문에 영어로 대화하거나 사용할 의지가 줄어든다.

맹모삼천지교라는 유명한 이야기를 우리는 익히 들어 잘 알고 있다. 맹자의 어머니가 묘지 근처로 이사를 갔더니 맹자가 장례 치르는 흉내를 냈고, 시장 옆으로 이사를 갔더니 이번에는 장사하는 흉내를 내는 것이었다. 그래서 학교 옆으로 이사를 갔더니 공부하는 흉내를 내었고, 맹자는 마침내 당대 최고의 훌륭한 학자가 되었다는 이야기다.

'친구 따라 강남 간다'라는 우리 속담에서도 친구의 중요성을 극단적으로 표현하고 있다. 이처럼 사람은 주변 환경에 적응하려는 의지를 갖고 있기 때문에 주변 환경이 매우 중요하다. 영어를 좋아하는 친구들을 만들어줘야 하는 이유도 이 때문이다. 영어를 좋아하고 즐겨하는 아이는 영어로 대화하는 것을 좋아한다. 그런 친구와 함께 지내면 우리 아이 역시 영어를 좋아하고 즐기는 것을 당연하게 받아들이게 된다.

나는 큰아이가 5살 때 먼 곳에 있는 영어 유치원에 보냈다. 6살 때는 집근처에서 나름 명문 유치원이라고 알려진 영어 유치원에 입학하게 되었다. 나는 아이에게 일상을 영어회화로 말할 수 있는 환경을 만들어주고 싶었다. '원어민과 수업 시간 내내 영어로 말해요.'라는 홍보문구를 보면서 아이를 영어 유치원에 잘 보냈다고 만족했다. 마음에 위안을 받았다. 왜냐하면 그곳에서 전부는 아니지만 그래도 영어로 친구들과 이야기를 할 테니까. 그것 또한 대단한 축복이라고 생각한다. 그리고 감사한 일이 많이 있었다. 그곳에서 친하게 지냈던 친구들과는 지금도 연락을 자주 하며 지낸다.

영어 유치원은 원어민 선생님들이 영어책을 많이 읽어주시고, 어떤 때는 아들을 목마를 태워서 놀아주기도 하셨다. 아이들은 처음에는 아주 서툴렀지만, 시간이 지나니 적응을 해서 헤더, 로빈 선생님과 영어로 간단한 말을 표현할 수 있게 되었다. 아이들이 조금씩 성장하는 것이 보였다. 그 기쁨은 이루 말할 수 없었다.

아이들 덕분에 나도 영어 회화가 조금씩 늘었다. 나도 그 당시 영어를 문화원에서 배우고 있었다. 나를 가르쳐주는 선생님은 문법과 독해, 영어회화를 강의 하시고 수업에 갈 때마다 영어로 질문을 했다. 난 처음에 잘 들리지가 않아서 대답을 못했다. 하지만 갈수록 이해가 되고 재미가 생겨서 영어 실력이 많이 늘었다. 그래서 집에서 아이들과 생활영어가 가능했던 것 같다.

내가 아는 K 원장님은 아내가 필리핀 분이시다. 아이가 있는데 엄마가 영어를 사용하니까 이중언어를 사용한다. 그런데 한국에서 살다 보니 모국어가 한국어라서 영어를 유창하게 할 수는 없는 것 같다. 영어를 유창하게 하려면 영어권 국가에 가면 해결된다. 그렇지 못하기 때문에 우리가 영어를 열심히 공부하는 것이다.

아리스토텔레스는 "인간은 사회적 동물이다."라고 말했다. 인간은 다른 사람들과 함께 어울려 공동체를 이루며 살아가야 하는 존재다. 내 아이보다 영어를 잘하는 친구를 만들어주라는 말이 아니다. 영어를 즐거워하고 하나라도 배울 수 있는 친구들과 함께하는 시간을 만들어야 한다는 것이다. 그래야 시간이 지날수록 아이가 자연스럽게 영어로 일상대화를 할 수 있게 된다.

나는 딸이 초 5학년 때 아이 혼자 필리핀으로 1년 유학을 보냈었다. 그곳에는 여름방학, 겨울방학 단기프로그램이 있었고 장기로 와서 공부하는 형태 2가지가 있었다. 주로 서울 주소지에서 많이 왔다. 아이들 모두 영어를 잘하기 위해서 왔기 때문에 일상을 영어회화로 말하는 것은 그리 어려운 일이 아니었다. 딸은 그곳에서 영어만 배운 것이 아니라 마음도 자랐다고 한다. 그곳에서 룸메이트 언니가 중2라서 딸에게 많은 것을 알려주었다고 한다.

그곳에서 2년간 공부하고 귀국한 2명의 중2 여학생을 2018년 12월 1일 세계능률협회 주관 영어 스피킹 대회에서 우연히 만났다. 그 아이들에게 꿈이 뭐냐고 물어보았다. 아이들은 한치의 망설임도 없이 의대에 가는 것이 목표라고 말했다. 나는 놀라지 않을 수 없었다. 저렇게 분명하게 꿈을 말하는 아이를 많이 보지 못했기 때문이다.

그 아이들의 자존감은 정말 높아 보였다. 왜냐하면 내가 2018년 9월 삼성동 코엑스에서 이민, 유학 1:1 상담, 컨설팅을 자원봉사로 했었는데, 그때 그 아이들도 스태프로 자원봉사를 했기 때문이다. 공부를 많이 할수록 겸손해진다는 것도 그 아이들로부터 배웠다.

어느 날 고속버스를 타고 아들과 정기검진을 받으러 서울성모병원 안과에 갔다. 아들은 눈 수술을 4번 받고 정기적으로 검진을 하러 다닌다. 우린 예약을 하고 온 터라 시간만 되면 교수님방에 들어가 정기 검진을 하면 되었다. 드디어 지만이 차례가 되어서 안과 교수님방에 들어갔다.

그런데 이때부터 이상한 일이 일어나기 시작했다. 아들이 5살 때인 것 같은데, 교수님이 시력 테스트를 하고 있었다. 참고로 교수님이 사용한 시력 테스트기는 그림이 나와 있는 '프레임'이었다.

"지만아, 이건 뭐지?"

그런데 지만이는 비행기를 보고 "Plane." 이렇게 영어로 대답하는 것이었다. 난 순간 당황해서 그냥 보고만 있었다. "지만아, 이건 뭐지?" 교수님은 다시 한 번 그림을 짚었다. 오리가 나오자 지만이는 "Duck." 이렇게 말했다. 드디어 참 어려운 '문어'가 나왔다. 지만이는 고민하지도 않고 "Octopus."라고 말해서 교수님이 깜짝 놀라며 지만이를 칭찬해주셨다.

"우리 지만이 영어 진짜 잘한다. 어머니, 비법이 뭐예요?"

특별히 한 것은 없었다. 집에서 영어 단어가 적힌 그림을 보고 설명해주면 그 그림을 맞히는 놀이를 했었다. 나도 그날은 놀랐다. 그리고 너무 기분이 좋아서 지름신을 바로 모셨다. 아이들 장난감이 있는 서점에 가서 책 여러 권과 그 당시 유행했던 '변신로봇'을 사주었던 기억이 난다.

난 이 즐거웠던 경험으로 아이의 자존감이 엄청 높아지는 것을 눈으로 직접 보았고 앞으로 아이들에게 칭찬과 격려를 아끼지 말고 해주어야겠다고 다짐했다. 일상생활에서 부모가 아이에게 영어로 말하거나 다양한 그림책을 읽어주는 것, 율동과 노래를 함께 부르고 다양한 물건의 촉감을 느낄 수 있도록 만져 보게 하는 것도 생활영어의 첫 걸음이다.

이번엔 목욕하는 상황을 살펴보자. 우리 집 아이들이 가장 좋아했던 일 중 하나다. 욕조에 거품목욕을 했는데 그때 그 안에 오리 인형이나 물놀이용품을 가지고 놀면서 목욕을 했다. 이럴 때 아이들은 행복해한다. 아이들에게 목욕은 엄마와 함께 욕조에서 몸을 씻는 것이 다가 아니라 또 하나의 재미있는 놀이다.

It's bath time!

목욕할 시간이야.

Did you fill the bathtub?

욕조에 물 받았어요?

Yes! Enjoy your bath.

그럼 즐겁게 목욕하세요.

Please give me my bath toys.

목욕 장난감 주세요.

Dry yourself with a towel.

수건으로 물기 닦자.

Let me blow-dry your hair.

드라이로 머리 말리자.

Now put on your pajamas.

이제 잠옷 입자.

PART 3.

영어교육의
기본은
듣기에서
시작된다

CHAPTER 01

진짜 영어교육은
귀에서 시작된다

당신은 진짜로 아이가 유창한 영어 실력을 갖춰 영어로부터 자유로워지길 바라는가? 진심으로 그런 바람을 가지고 있다면 당신이 우선해야 할 것은 바로 이것이다. 아이가 영어를 충분히 보고 들음으로써 머릿속에 양질의 영어 입력이 차고 넘치도록 적절한 환경과 도움을 제공해야 한다. 하지만 알게 된 것을 실천에 옮기지 않으면 아무 소용이 없다.

『성경』야고보서 2장 17절에서는 "행함이 없는 믿음은 그 자체가 죽은 것"이라고 한다. 『아웃라이어(Outliers)』의 저자로 1만 시간의 법칙을 역설한 말콤 글래드웰(Malcolm Gladwell)과 『재능은 어떻게 단련되는가?(Talent is Overraed)』의 저자 제프 콜빈(Geoff Colvin)에 따르면 성공의 비결은 타고난 재능이 아니라 올바른 방법으로 부단히 행한 연습과 실천이라고 한다.

특히 아동의 영어책 읽기는 귀에서 시작된다. 귀에서 시작되어야 하며 또 그렇게 되도록 하는 것이 바람직하다. 내가 가르치는 아이들에게도 듣고 따라 말하기를 많이시키는 편이다. 그러면 아이들은 신기하게 그 문장의 의미를 알고 읽을 수가 있다. 영어는 듣기부터 공부한다고 말해도 과언이 아니다. 파닉스도 듣고 따라 말하기를 많이 한다. 그래야 잘못된 발음을 고칠 수 있기 때문이다.

얼마 전에 파닉스를 배우러 초 3학년 S군이 나에게 왔다. 그 친구는 지적 수준이 높은편이어서 진도가 빠르게 나갔다. 파닉스의 규칙을 금방 이해하더니 이제는 파닉스 마지막 단계를 듣고 영어 쓰기를 아주 잘하고 있다. 난 S군를 칭찬했다. 매일매일 성실하게 영어 공부를 하는 S군은 꿈이 경찰이라고 한다. 꼭 그 꿈을 이루길 간절히 바란다.

우리 아이들이 어렸을 때 한 단어, 한 단어씩 말하고 나중에는 문장으로 연결시켜 말하는 것같이 영어도 한글을 배우는 과정과 비슷하다. 언어이기 때문이다. 우리나라 말도 그렇다. 아기들이 처음 배울 때 '엄마'라는 단어를 1

만 번은 듣고 따라 말한다고 한다. 그래야 '엄마'라는 단어적 함축적 의미도 알게 되는 것이다.

우리 아이의 유창한 영어를 위해서 엄마가 두 번째로 해야 할 일은 아이가 영어책 읽기에 푹 빠지도록 도와주는 것이다. 즉 영어책 읽어주기를 통해 영어에 대한 눈과 귀를 열어주면서 영어책 읽는 것이 얼마나 즐겁고 신나는 일인지 깨닫게 해주어야 한다.

내가 아이들에게 읽어줬던 영어 그림책 중 하나는 『생쥐와 딸기와 배고픈 큰 곰(The Little Mouse, The Red Ripe Strawberry, and the Big Hungry Bear)』 이었다. 아이들이 좋아해서 몇 번이고 읽어주었던 책이다. 내용을 살펴보겠다. 이 책도 의성어가 있어서 듣는 아이들에게 재미와 흥미를 준다. 또한 보드북으로 되어 있어서 아이들이 만지고 던지고 해도 잘 찢어지지 않는다. 그래서 더 좋았던 것 같다.

Hello, little Mouse.
생쥐야, 안녕?
What are you doing?
너 지금 뭐 하니?

이렇게 그림책 속 생쥐에서 말을 거는 것처럼 재미있게 읽어줄 수 있다. 이 영어 동화책 또한 CD가 달려 있어서 아이들에게 읽어주기가 편하다. 그리고 책표지가 예뻐서 아이들이 좋아할 만하다. 엄마가 읽어준다면 아이의 언어, 인지, 정서 발달에 가장 좋다. 집중 듣기가 지나고 난이도가 높은 영어책이나 동영상들은 '흘려듣기'를 하는 것이 효과적이다.

엄마표 영어에서 이렇게 영상과 함께 흘러나오는 소리를 텍스트 없이 보고 듣는 방법을 '흘려듣기'라 한다. 막연하게 소리를 흘리는 것이 아니라 장면에 따라 나오는 소리를 텍스트 없이 집중하는 효과를 노리는 방법이다.

흘려듣기를 위해 딸과 나는 저녁을 먹은 후 거실을 영화관처럼 만들고 미리 찾아놓은 영화를 함께 즐겼다. 〈라이언 킹〉, 〈알라딘〉, 〈타잔〉, 〈노틀담의 꼽추〉, 〈브라더 베어〉 등의 애니메이션을 비롯해 아이들이 관심 있어 하는 영화를 한글자막은 물론 영어자막도 가리고 보았다. 처음부터 쉬운 일은 아니었다. 하지만 갈수록 아이들은 자막 없이 영화를 보는 것에 익숙해졌다.

애니메이션을 먼저 보기 시작한 것은 또래 아이들이 흥미를 가지고 볼 수 있는 내용이라는 것 외에 다른 이유도 있었다. 실사 영화는 동시녹음이 많은 반면 애니메이션은 후시녹음을 해서 성우나 배우가 정확한 발음으로 더빙을 하기 때문에 전반적으로 안정된 톤이 유지된다. 날것의 현장음이 함께 녹음되는 동시녹음보다는 '분명한 소리 전달'에 대한 만족도가 높았다.

딸이 초1 정도에 케이블 TV에 매일 저녁 8시 30분마다 방송되는 디즈니 채널이 있었다. 우린 그 프로그램을 이용하여 흘려듣기를 활용했다. 〈밤비〉, 〈101마리 달마시안〉, 〈정글북〉 등 몇십 년 전 작품도 만날 수 있었다.

요즘은 정말 좋은 세상이어서 합법적인 방법으로 인터넷에서 다운로드가 얼마든지 가능하고 영상확보가 가능하다. 영화뿐 아니라 아이들에게 익숙한 캐릭터를 볼 수 있는 TV 프로그램까지, 흘려듣기 환경을 만들기 좋은 세상이다.

아이들이 잘 놀다가 아플 때가 있다. 그런 상황을 떠올려보자.

Sweetie, are you sick?

아가. 어디 아프니?

Mom, I'm not feeling well.

엄마, 몸이 안 좋아요.

I think you have a fever.

열이 나는 구나.

Mom, I feel like throwing up.

엄마, 토할 것 같아요.

Let's go to the hospital.

그래. 병원에 가자.

CHAPTER 02

영어 동화책 읽어주기와 DVD를 즐겨라

영어책을 읽어주는 것은 아이에게 영어 발음을 가르치기 위한 것이 아니다. 아이가 책 읽기의 즐거움에 빠지고, 그 속에서 스토리를 즐기며 상상의 나래를 마음껏 펼치도록 하기 위한 것이다. 즉 엄마 아빠와 많은 정서적 교감을 나누기 위한 것이다. 더 나아가, 아이가 지식을 넓히고 상상력과 창의력을 기르며, 논리적이고 비판적인 사고 능력을 키워 나가도록 하기 위한 것이다.

그런 의미에서 영어 발음은 부차적인 것이다. 엄마가 발음이 부족하고 엉터리라도 나름대로 최선을 다하는 것이 중요하다. 엄마 아빠의 발음이 엉터리라고 염려하지 마라. 그런 문제는 우리 주변에서 어렵지 않게 구할 수 있는 녹음이나 동영상 자료를 활용해 얼마든지 보완할 수 있다.

나는 아이들이 어릴 때부터 나름 엄마표 영어를 실천해왔다. 잘하는 영어 실력은 아니었지만 내가 할 수 있는 여건에서 영어적 환경을 만들어주려고 노력했다. 특히 영어 동화책을 살 때는 그냥 사는 것이 아니라 CD가 있는 영어 동화책으로 샀다. 아이들에게 CD를 들려주며 동화책을 읽어주면 더욱더 상상의 날개를 활짝 펼치며 동화책에 빠져들었기 때문이다.

그중에서도 아기 동물들이 나와서 노래하는 쉬운 『노부영』 영어책이 있다. 『난 누구의 아기일까요?(Who's Baby am I?)』라는 책이 있다. 우리 아이들이 유아기 때 자주 읽어주었던 영어책이다. 이 영어책은 아기 동물들이 사랑스럽게 그려져 있어서 아이들이 무척 좋아했고 CD를 듣고 영어로 따라 부르면서 놀았다.

그리고 EBS 인기방영작 〈맥스와 루비(Max & Ruby)〉 비디오 작품은 로즈마리 웰스를 원작으로 한 애니메이션으로 사랑스런 토끼 남매의 신나는 일상을 재미있게 보여준다. 아이들은 티격태격 싸우는 두 주인공을 통해 자연스럽게 영어를 배울 수 있다.

우리 아이들은 이 비디오 중에서도 토끼 남동생 맥스가 지렁이 케이크 만드는 장면을 유독 좋아했다. 그 당시 내가 베이킹에 도전하고 있었기 때문이다. 난 집에서 레시피를 보며 케이크를 만들었는데, 양 조절을 잘못해서 실패할 때가 많았다. 〈맥스와 루비〉에는 맥스가 케이크를 망쳐서 다시 만드는 장면이 나오는데 아이들은 엄마가 케이크 만들기에 실패해서 케이크를 다시 만드는 모습을 봐서 그런지 키득키득 웃으며 맥스와 루비가 지렁이 케이크 만드는 것을 좋아했다.

〈맥스와 루비〉는 우리 아이들과 비슷한 부분이 많았다. 이 작품은 누나인 루비가 동생인 맥스를 돌보는 형식으로 이야기가 진행된다. 주로 사고를 치는 것이 동생인 맥스였는데 우리 딸아이는 루비를 자신과 동일시 하는 경향을 보였다. 그리고 이 작품이 딸아이가 동생을 더 잘 챙겨주는 계기가 되기도 했다. 내가 잠깐 쓰레기를 버리러 간 사이, 아이들이 과자를 방바닥에 온통 흘리고 우유컵을 엎질러서 바닥이 난장판이 된 적이 있었다. 그런데 집에 들어가 보니 딸아이가 스스로 휴지를 들고 바닥을 치우고 있었다. 그때 아이들은 〈맥스와 루비〉를 보고 있었다. 우리 아이들은 이 프로그램을 좋아하고 즐기게 되었다.

한국 명작 시리즈와 세계 명작 시리즈를 CD가 있는 것으로 구매를 한 적이 있다. 아이들은 먼저 그림을 통해서 시각적으로 만족을 한뒤 CD를 틀어놓고 영어책 읽기를 하였다. 효과는 생각보다 좋았다. 그런데 아이들은 한국 명작보다 세계 명작 시리즈를 더 쉽게 이해했다. 난 궁금했다. 왜 그랬을까? 아마도 아이들이 배우는 영어가 대부분 영국이나 미국에서 만들어진 뒤 우리나라에 들어왔기 때문일 것이다. 한국 명작 동화도 좋은 것이 참 많은데 아쉬웠다. 나는 한국 전래동화, 한국 명작 시리즈 영어 동화책을 읽어주며 잘 설명해주었다. 아이들은 귀를 쫑긋 세우고 한국전래 영어 동화책 이야기에 집중했다.

DVD는 아이들이 좋아하는 것으로 추천하면 좋다. 그중에서도 난 누구나 공감할 이야기로, 15개국 언어로 출간되어 5백만 부가 팔린 베스트셀러를 기반으로 한 작품인 〈안젤리나 발레리나〉 DVD를 구입해 딸에게 시청하게 했다. 생쥐 여주인공이 발레리나가 되기 위해 용기와 믿음을 가지고 도전하는 내용이다. 효과는 정말 좋았다. 딸은 그 DVD를 보더니 어느 날 발레 비슷하게 춤을 추고 있었다. 그러더니 본격적으로 댄스를 배우겠다고 문화예술학교에 수강 신청을 해서 초 4학년 때 1학기 동안 춤을 배우고 공연 발표회를 했다. 공연에서 딸은 반짝반짝 빛나는 스타 같았다. 마치 생쥐 발레리나가 결국 꿈을 이루는 것처럼.

우리가 즐겨봤던 DVD는 〈슈퍼 와이(Super Why)〉였다. 주인공 와이엇은 동화 속 주인공들이 모여 사는 이야기 마을에 문제가 생기면 친구들을 북

클럽에 소집한다. 여기서 이들은 '알파벳 파워(Alphabet Power)', '워드 파워 (Word Power)', '스펠링 파워 (Spelling Power)', '리딩 파워(Power to Read)' 등의 능력을 가진 슈퍼 영웅으로 변신한 뒤 문제의 해결책을 찾아 책 속으로 날아 들어간다.

우리 딸은 〈슈퍼 와이〉의 주인공 와이엇이 하는 말을 따라했다.

"'Think different'는 '다르게 생각하라.'라는 뜻이야. 스티브 잡스는 늘 색 다른 아이디어를 고민했어. 남들과 다른 생각이 스티브 잡스를 창조적으로 일하게 만들어준 거야. 'Effort is Victory'는 '노력은 승리'라는 뜻이야. 처음부 터 잘하는 사람은 없어. 포기하지 않고 끝까지 노력하는 사람만이 꿈을 이룰 수 있는 거야."

영어 공부와 위인의 이야기를 한번에 즐길 수 있는 이 DVD는 다른 엄마 들에게도 인기가 아주 많았다.

영어 동화책 단행본 중에 재미있게 읽은 책은 데이빗 섀넌의 『안 돼, 데이 빗(No, David!)』이었다. 1999년 칼데콧상을 받은 책이다. 데이빗은 장난꾸러 기인데다가 말썽을 부리지만 귀엽고 사랑스러운 소년이다. 이 그림책은 언제 나 말썽을 부려서 엄마에게서 "안 돼, 데이빗"이라고 혼나고 마는 데이빗의

익살스러운 일상 이야기다.

이 책이 재미있는 이유는 아이들이 집에서 한 번쯤 해봤을, 혹은 해보고 싶었을 말썽으로 가득하여 아이들의 흥미를 이끌어내기 때문이다. 글밥이 많이 없고 그림 중심으로 이야기를 전달하는데, 아직 글을 읽지 못하는 아이들도 충분히 이해할수 있는 재미있는 그림이 아이들의 눈과 마음을 사로잡았다.

이 책은 아이들의 상상력을 높여주는 책이다. 마지막 부분에는 아이들이 가장 듣고 싶어 하는 말이 나온다. 데이빗은 자신이 심하게 장난을 쳐도 변함없이 자신을 사랑하는 엄마의 마음을 알게 된다. 우리 아이는 이 책을 너무 좋아해서 한동안 이 책만 읽어달라고 했다.

감동적이었던 책이 있다. 루시 커즌스(Lucy Cousins)의 『I'm the Best』이다. 이 책을 아이들에게 읽어주었더니 몇 번씩 더 읽어달라고 조르기도 했다.

자신이 최고라고 생각하는 개가 있었다. 그는 친구들에게 그 이유를 설명했다. 두더지보다 더 빨리 달릴 수 있다, 당나귀보다 수영을 잘한다 등등. 그런데 친구들이 다시 개에게 자신들이 더 최고인 이유를 설명해주었다. 개는 친구들의 말을 듣고 실망해서 눈물을 뚝뚝 흘렸다. 하지만 마음씨 착한 친구들은 개에게 "넌 최고로 멋진 귀를 가진 최고의 친구야."라고 위로를 해주었다. 남과 나를 비교하지말고 나만의 장점을 찾으라는 귀한 메시지가 담겨 있는 귀한 책이다.

난 아이들이 가지고 있는 장점을 칭찬해주면서 "네가 최고야."라고 말해주고 안아주었다. 그러면 아이들은 내 영어 그림책 이야기를 들으며 행복해했다.

CHAPTER 03

영어 동영상을 활용하라

시중에는 이미 아이들이 좋아할 만한 영어 동영상이 무수히 많다. 하지만 아이가 무분별하게 영어 동영상을 시청하려고 TV나 컴퓨터 앞에 앉으면 엄마들은 걱정을 많이 한다. 어떻게 하면 아이들에게 절제를 가르치면서 영어 동영상을 활용할까?

여러 좋은 방법이 있지만 가장 좋은 방법은 보상이나 인센티브를 활용하는 것이다. 아이가 다른 중요한 일, 예를 들면 운동, 샤워, 책 읽기, 다른 공부나 과제를 마쳤을 때 영어 동영상 시청을 허락하는 것이다. 아이와 관련된 중요한 일은 아이의 생각을 충분히 들은 후 의견을 적절히 반영해 결정하는 방식으로 아이에게 주도권을 부여한다면 어린아이도 스스로 책임감을 가지고 생각하고 행동하려고 한다.

아이에게 절제를 가르치는 또 하나의 좋은 방법은 동영상 시청과 책 읽어주기의 균형을 맞추어 진행하는 것이다. 이것은 나중에 할 영어책 읽기를 위해서도, 영어 실력의 발전을 위해서도 매우 중요하다. 나는 아이들에게 영어 동화책과 영어 동영상을 적절히 활용해서 가르쳤다.

그중 하나가 윌리엄 스타이그의 『실베스터와 마법의 조약돌(Sylvester and the Magic Pebble)』이라는 영어 동화책이다. 영어 동영상은 유튜브에 있다. 영어로 책을 읽어 주는 12분짜리 동영상이다. 꼭 유튜브로 감상하기 바란다.

이 영어 동화책은 1969년에 나와서 1970년 칼데콧상까지 받고 미국 여러 기관에서 발표하는 권장도서 목록에 많이 들어가 있는 현대 고전 그림책이다. 나는 아이들이 잠을 잘 때 잠자리 동화로 읽어주었다. 32쪽 분량의 책이지만 글밥은 적지 않은 편이다. 초등 저학년까지 엄마가 읽어주면 좋다. 아이가 영어책 읽기 연습할 때도 좋은 책이다. 그런데 어휘가 쉽지만은 않다.

실베스터라는 이름의 당나귀가 요술 조약돌을 주우면서 일어나는 일이다.

소원을 빌면 이뤄지는 마법의 조약돌이 있다. 실베스터가 이 마법의 조약돌로 마른 하늘에 비가 오게 해달라고 하자 비가 왔다. 그는 신기한 조약돌을 갖고 세상을 다 가진 양 좋아했다.

그러다가 실베스터는 갑자기 사자를 만나 잡아먹힐 위기에 처한다. 실베스터는 엉겁결에 바위가 되게 해달라고 소원을 빌었다. 바위가 되어서 움직일 수가 없으니 사자에게 잡아먹히지는 않았지만, 다시 당나귀로 돌아갈 수도 없었다. 집에서는 아이가 없어져서 엄마 아빠 당나귀가 난리가 났다. 여기저기 찾아다녀보지만 찾을 수 없었다.

계절이 지나고 봄날이 되어 밖으로 나온 엄마 아빠가 바위 위에 앉았다. 바위 옆 잔디밭에서 빨간 조약돌을 발견한 아빠는 조약돌 모으는 것이 취미인 아들을 그리워했다. 조약돌을 바위 위에 올려놓고 아들이 돌아오길 빌었다. 실베스터도 소원을 빌어서 다시 당나귀로 돌아왔다.

나는 이 책을 읽을 때마다 아들을 간절히 찾는 엄마의 마음이 느껴져서 울먹이곤 했다. 마법 조약돌을 금고에 넣어두면서 자식이 돌아왔는데 지금 당장 더 필요한 것이 뭐가 있냐며 끝나는 마지막 장면도 너무 좋았다. 지금 나와 함께 있는 아이들에 대한 기쁨과 감사가 저절로 솟아나는 책이다.

우리 아이 영어 영재로 키우는 법

아이들이 좋아하는 미국의 어린이용 TV 프로그램 가운데 우리에게도 널리 알려진 〈세서미 스트리트(Sesame Street)〉가 있다. 이 프로그램은 내용도 다채롭고 흥미롭지만 그 안에 아이가 영어 알파벳을 배우고 파닉스를 쉽게 익힐 수 있도록 돕는 부분이 포함되어 있다. 아이들은 TV프로를 시청하면서 단지 흥미로운 내용을 즐길 뿐이지만 영어 알파벳에도 자연스럽게 노출되고 파닉스의 원리도 반복적으로 접하게 된다.

그런데 이것이 전부가 아니다. 이 영어 동영상에서 조금씩 자연스럽게 친해진 영어 문자와 단어들이 엄마가 읽어주는 영어 동화책에서 멋진 그림과 어우러져 계속 나타나게 된다. 영어책의 단어를 보고 들을 때마다 〈세서미 스트리트〉를 시청할 때 저절로 흥이 나서 외치던 단어의 발음과 파닉스 원리가 떠오른다. 이런 일이 반복되면서 자기도 모르게 파닉스를 적용해 단어를 읽는 것이 조금씩 몸에 밴다. 더 흥미로운 것은 이 과정에서 전에는 문자 형태와 발음을 통째로 암기했던 단어들도 이제는 왜 그렇게 발음되는지 깨닫게 되는 것이다.

스마트폰과 컴퓨터, 인터넷의 발달로 인해 요즘에는 영어 학습에 활용할 수 있는 동영상 자료가 넘쳐난다. 유튜브, 네이버, 다음 카페를 비롯한 온라인 사이트와 각종 앱을 이용하면 과거처럼 굳이 서점이나 도서관에 가지 않아도 매우 다양한 자료를 접하고 활용할 수 있다. 그런데 우리 아이들의 영어 실력은 전반적으로 크게 나아지지 않는다. 대체 그 이유는 무엇일까? 그 이유는 여러분도 잘 알 것이다. 아무리 좋은 교재와 자료가 있어도 실제로 공부를 하지 않으면, 그리고 올바른 방법으로 제대로 공부하지 않으면 아무 소용이 없기 때문이다.

아이들의 영어 듣기에 활용할 수 있는 많은 동영상 자료 중 가장 일반적인 유형은 애니메이션이다. 그 종류를 2가지로 나눌 수 있다. 첫 번째는 극장 상영용으로 제작된 영어 애니메이션이다. 〈치킨 런(Chicken Run)〉, 〈니모를 찾아서(Finding Nemo)〉, 〈슈렉(Shrek)〉, 〈토이 스토리(Toy Story)〉 등이다. 두 번째는 TV방송용으로 제작된 애니메이션 TV 시리즈다. 〈아서(Arthur)〉, 〈베렌스타인 베어스(The Berenstain Bears)〉, 〈까이유(Caillou)〉, 〈도라 디 익스플로러(Dora the Explorer)〉 등이다.

극장용 애니메이션은 가족들 대부분 함께 시청할 수 있는 영화로 〈백설공주와 일곱난쟁이(Snow White and the Seven Dwarfs)〉, 〈피노키오(Pinocchio)〉, 〈라이언 킹(The Lion King)〉처럼 우리에게 익숙한 것들이 많아 누구에게나 쉽게 다가갈 수 있다는 장점이 있다. 하지만 다른 일반 영화와 비슷하게 이야기 구성이 복잡한 편이고 등장인물 사이의 관계 역시 복잡하게 얽혀 있는 경우가 많다. 상영 시간도 보통 80분 내외로 상당히 긴 편인데 주의집중 시간이 짧은 어린 아동들에게는 부담이 될 수 있다. 사용된 영어 어휘도 우리가 느끼는 친근감으로 인해 쉽다고 생각할 수 있지만 실제로는 수준이 높은 편이다. 따라서 극장용 애니메이션 영화는 영어 듣기를 시작하는 입문 단계에서는 약간 어려운 자료라고 할 수 있다.

이에 반해, TV용 애니메이션은 적게는 수십 편에서부터 많게는 수백, 수천 편에 이르는 많은 에피소드가 계속 이어지는 시리즈물로 핵심 등장인물들을 중심으로 다양한 소재의 작은 사건이나 이야기가 별다른 이변 없이 계속 이어진다. 이야기 구성이나 등장인물의 관계가 복잡하지 않으며 길이도 짧아 대부분 20분 정도이다.

언어 난이도도 아동들의 언어 발달 수준에 맞추어 유아 대상의 아주 쉬운 것부터 시작해서 초등학교 고학년에게 어울리는 수준까지 있다. 상대적으로 높은 수준의 시리즈도 극장용 애니메이션 영화에 비하면 어휘의 수준이 높지 않다. 이와 같이 TV용 애니메이션은 극장용 애니메이션에 비해 내용적으로나 언어적으로 이해하기가 더 쉬워서 영어 듣기를 시작하는 어린 아동들에게 적합한 자료라고 할 수 있다.

아이들 재우는 상황을 살펴보자. 아이들이 자는 시간은 엄마들이 행복한 시간이기도 하다.

Time for beddy-bye.

잘 시간이야.

Put on your jim-jams.

잠옷 입자.

Good night, Mom!

엄마 안녕히 주무세요.

See you in the morning!

내일 만나요.

Good night!

잘자.

Sweet dreams!

좋은 꿈 꿔.

CHAPTER 04

영국 최고의 동화 작가
로알드 달의 원서 읽기

우선 동화 작가 로알드 달에 대해 먼저 소개하자면 그는 애드거 앨런 포상을 두 차례나 받았으며, 전미 미스터리 작가상을 세 차례나 수상한 동화 작가이다. 그의 유명한 작품으로 『찰리와 초콜릿 공장』, 『마틸다』, 『제임스와 슈퍼 복숭아』 등이 있다. 그중에서 내 딸이 가장 재미있게 읽은 것은 『제임스와 슈퍼 복숭아』, 『멋진 여우씨』이다. 익살스러운 그림과 유머로 내가 읽어도 재밌는 책이다. 아이가 그렇게 눈을 빛내며 책을 읽는 모습을 처음 보았다. 집중해서 책을 읽는 아이의 모습이 너무 예뻤다.

로알드 달의 원서들을 추천하는 이유는 간단하고 재밌는 그림과 『찰리와 초콜릿 공장』, 『마틸다』 등 그의 책이 많이 영화화되었다는 점이다. 영화를 먼저 보고 책을 읽으면 이야기의 흐름을 파악하면서 쉽게 읽을 수 있기 때문에 효과적이다. 나는 집에서 아이들과 로알드 달의 책이 원작인 〈찰리와 초콜릿 공장〉을 영화로 본 적이 있었다.

어느 공장이 있었다. 그런데 그 공장은 초콜릿을 만들기만 하지, 아무도 밖으로 나오는 것을 보지 못한 신비한 공장이었다. 그러던 어느 날, 그 공장의 주인인 윌리 웡카는 전 세계에 중대 발표를 한다. 초콜릿에 5개의 티켓을 랜덤으로 넣는다는 것이다. 그 티켓을 가진 사람은 평생 웡카 초콜릿을 먹을 수 있고, 웡카의 초콜릿 공장을 구경할 수 있고 5명 중 한 명을 후계자로 삼겠다는 발표를 했다. 이때부터 전 세계에서는 초콜릿을 사려는 사람으로 꽉 차게 된다.

주인공 찰리의 생일, 찰리는 지금까지 산 2개의 초코바가 꽝이라 실망하고 길을 걷고 있었다. 그런데 우연히 돈을 주워 초코바를 하나 더 샀는데 당첨이 되었다. 집으로 달려가서 할아버지와 함께 초콜릿 공장을 견학하기로 한다. 공장 견학 당일, 5명의 아이와 보호자 5명은 공장 앞에 모여 들어간다. 모두 부유한 집 아들 딸이라 거지같이 하고 온 찰리를 째려보며 들어가지만 찰리는 마냥 기뻐한다.

첫 번째 당첨자는 독일의 뚱보 소년 아우구스투스이다. 두 번째 당첨자는 부잣집 딸 베루카, 세 번째 당첨자는 무술의 달인이며 껌 씹기 챔피언인 바이올렛, 네 번째 당첨자는 비디오 게임광이자 싸이코 천재인 마이크, 마지막 당첨자는 찰리이다.

공장을 견학하고 있는데, 먹보 소년 아우구스투스는 첫 번째 방의 초콜릿 강에서 헤엄치다 빨려들어가 탈락한다. 두 번째 방에서는 껌을 개발하고 있는데 바이올렛이 윙카의 말을 무시하고 미완성된 껌을 무작정 씹었다가 블루 파이처럼 변해 몸이 물렁해져 탈락한다. 세 번째 방에서는 귀여운 다람쥐를 갖고 싶어하는 부잣집 딸 베루카가 다람쥐를 직접 잡으러 갔다가 쓰레기통에 빠져서 탈락한다. 네 번째 방에서는 마이크가 윙카의 발명품인 순간이동기를 작동시켰다가 작아진 채로 TV 안으로 순간이동해 탈락한다. 결국 찰리만 남아 찰리는 윙카의 후계자가 된다. 찰리는 윙카와 같이 쓰러져가는 집에서 살고, 윙카는 사이가 안 좋았던 아빠를 만나 사과한다.

원서 읽기라고 하면 어렵게 생각하거나 주저하는 아이들이 많다. 내 아이가 그랬다. 어릴 때 영어를 꽤 하는 편임에도 불구하고 영어책만 읽으려 하면 가끔씩 영어에 대한 흥미가 사라지거나 아예 안 읽으려고 할 때도 있었다. 물론 그렇지 않은 아이들도 있겠지만, 이런 아이들의 경우 부모의 역할이 매우 중요하다.

처음부터 "이거 읽어봐." 하는 것이 아니라 흥미를 갖게 도와주는 것이 부모의 역할이다. 한마디로 영어를 너무 어렵게 생각하지 않게 만들어야 한다. 왜냐하면 흥미가 깨지기 때문이다. 영어는 어릴때부터 자연스럽게 스며들게 학습하는 것이 좋다.

유아들의 두뇌에는 성인이라면 10년이 걸려도 잘 습득할 수 없는 외국어를 반년이나 1년 만에 완전히 마스터해버리는 어마어마한 능력이 있다. 유아들은 주로 뇌의 잠재의식 부분을 사용하고 있으며, 이 잠재의식에는 상당한 고도의 컴퓨터 능력이 작용하고 있어서 매우 쉽게 언어를 배운다. 따라서 0세에서 6세의 유아기야말로 어학학습의 황금기인 것이다. 그래서 나는 유아기 때 그림책을 많이 읽어주었다.

태어난 지 얼마 안 되는 아기의 두뇌는 정보에 대한 수용능력이 뛰어나기 때문에 쉬운 것, 어려운 것의 구별이 없고 손쉽게 무엇이든지 받아들인다. 중학생에게도 어려울 것 같은 미국의 유아용 그림책이 우리 아이들에게는 조금도 어렵게 느껴지지 않고 머릿속에 들어가는 것이다.

오히려 어렵다고 느끼는 것은 부모 쪽이다. 미국 아이에게 읽어주는 그림책이라면 마찬가지로 우리 아이들에게도 읽어주면 된다. 이렇게 많은 그림책을 읽어주면 아이의 두뇌에는 수많은 영어 정보가 들어가게 된다. 읽어주는 영어를 그대로 이해할 수 있는 두뇌로 자라는 것이다.

중요한 것은 '이러한 단어는 어렵다.', '이러한 표현은 어렵다.'라고 부모가 제한해서는 안 된다는 것이다. 미국 아이가 알 수 있는 것이라면 우리 아이도 알 수 있다고 생각하고 그림책을 계속 읽어주면 된다. 이렇게 해서 0세부터 3세 사이에 아기의 두뇌 속에 영어를 이해하는 회로를 열어두면 그다음에는 무척 손쉽게 되는 것이다.

이것 때문에 6세 이전의 아이들은 아주 쉽게 언어를 정복한다. 학습장벽이 생기기 전에 영어녹음을 풍부하게 들려주면 말이 자연히 터득되는 것은 이 때문이다. 어릴 때 미국으로 입양된 한국인 아이가 영어를 모국어로 배우는 것은 너무나 당연한 일이다.

지인 중 하나는 5세 손주가 6세가 되기 전에 영어를 완성시키려고 하는 영어학원 원장님이시다. 그분의 딸 P는 초등학교 2학년 때부터 캐나다에서 살았다고 한다. 그러다 25살에 한국으로 와서 초등학교 원어민 선생님으로 근무를 하셨다. P양이 결혼하여 낳은 아들이 5살이 되었다.

한국 남자와 결혼하고 한국에서 살다 보니, 엄마가 영어를 써도 어린이집에서는 한국말만 써서 아이가 영어를 잘하지 못했다. 엄마는 영어를 자유롭게 하지 못하는 아이가 답답하고 안타까웠나 보다. 5살짜리 아들과 캐나다에 가서 캐나다에 있는 유치원에 1년 동안 다니다가 온다고 했다. 6세 이전에 영어를 모국어처럼 사용할 수 있게 하려고 하는 것이다. 부디 아이랑 잘 하고 왔으면 좋겠다.

국제결혼한 부모 사이에서 태어나 2가지 언어를 사용하는 환경에서 자란 아이가 두 나라 말을 유창하게 하는 것은 지극히 당연한 일이다. 마찬가지로, 2~3가지의 언어를 사용하는 환경에서 자란 아이는 자신에게 들리는 다른 언어들도 자연스럽게 모국어와 똑같이 유창하게 말할 수 있는 아이로 자라게 되는 것이다.

나의 이종사촌은 미국 남자와 결혼하여 독일에서 딸아이를 낳아서 키웠다. 그 딸아이는 4개국어를 했다. 독일에서 자라 독일 유치원에 다니고 독일어, 스페인어, 한국어, 영어를 자유자재로 구사했다. 지금은 미국 덴버에서 사는데 영어를 주로 많이 사용하다 보니 다른 언어를 많이 잊어버렸다고 한다.

이종사촌이 우리 집에 왔을 때 아이들과 함께 영화관에서 〈찰리와 초콜릿 공장〉을 다시 한 번 보았다. 아이들은 이 영화를 엄청 좋아했다. 아이들은 로알드 달의 〈찰리와 초콜릿 공장〉을 보고 공감을 했나 보다. 신기하게 이 영화를 보고 같은 장면에서 웃고, 소리 내고, 재미있어하는 아이들을 발견했다.

나도 어찌나 즐겁던지 동심으로 돌아간 듯한 느낌이었다. 공감이 정말로 중요하다는 것을 알았다. 같이 즐거워하니까 영어가 더 쉬워지는 느낌을 받았다. 상상력과 창의력이 풍부한 로알드 달의 원서를 읽자.

아이들이 그림 그리는 상황을 떠올려보자.

What are you working on, honey?

우리 딸 뭐하고 있어요?

I'm drawing a princess.

공주 그리고 있어요.

Wow! What a wonderful picture!

정말 멋진 그림이네.

Mom, look at the tiger I drew.

엄마 제가 그린 호랑이 좀 보세요.

Great! Did you draw this by yourself?

와우, 정말 니가 그린 그림이니?

Show this to Daddy when he gets home.

아빠 오면 보여 드리자.

CHAPTER 05

우리 아이에게 맞는
'반복 패턴' 찾기

첫 번째, 'I'm trying to ~ (나 ~하려고 하고 있어)'는 어떤 상황에서 쓰는 말일까? 예전에 우리 딸이 읽어달라고 가지고 온 책에서 바로 이 패턴을 찾았다. 『I Will Take a Nap!』이 책은 모 윌렘스가 쓴 영어 그림책이다. 짧은 영어 문장이 나오는데 단순하다. 그런데 패턴 영어가 나오면서 아이들에게 많이 적용할 수 있어서 가성비 좋은 책이다. 책 주인공 제럴드(코끼리)와 핑키(친구)의 대화이다.

GERALD! What are you doing?
제럴드! 뭐 하는 거야?

I am trying to take a nap because I am TIRED and CRANKY!
난 낮잠을 자려고 했어. 왜냐하면 피곤하고 짜증이 나기 때문이야.

여러 가지 상황을 보고 다시 말해보자.

1. 아이가 밥을 혼자 먹으려 하다가 국물을 엎었다. 엄마를 도와준다면서 손으로 집어서 다른 데 던진다. 이때 아이가 엄마에게 하는 말이다.

Mom, I'm trying to help you.
엄마, 도와주려고 했어요.

2. 일이 있어서 잠시 외출하는 동안에 온라인 수업을 잘 받고 있으라고 했는데 큰아이가 숙제를 다 안 끝내고 놀고 있다. 왜 아직도 숙제를 안 끝냈냐고 잔소리하니 엄마에게 하는 말이다.

Mom, I'm trying to do my best.
나 지금 최선을 다하고 있어요, 엄마.

3. 오해가 있어서 친구랑 싸웠다. 먼저 말 걸고 싶은 마음에 친구에게 잘 지냈냐고 한마디 건넸다. 그러나 친구는 듣는 둥 마는 둥 한다. 그런 친구에게 하는 말이다.

I'm trying to apologize!
나 지금 사과하고 있거든요!

그런데 아는 원어민 친구에게 3번 문장에 대해서 물어보니까 미국에서는 이런 문장을 잘 사용하지 않는다고 했다. 사과를 하려면 'I apologize for …' 또는 'I'm sorry for …' 같은 형태의 문장을 더 잘 쓴다고 한다.

다음 질문은 원어민들이 정말 많이 쓰는 표현이라고 한다. 아이들과 질문에 답을 해보길 바란다.

What are you trying to do?
무엇을 하려고 하는 거니?
I'm trying to think.
나는 생각을 하려고 했어.
I'm trying to do my best.
나는 최선을 다하려고 하고 있어.

I'm trying to study English.

나는 영어를 열심히 공부하려고 하고 있어.

두 번째, 'You don't want to know(알지 않는 것이 좋을 거야).'는 상대방에게 비유적으로 충고할 때 사용하는 말이다. 상대방이 알게 되면 '아… 나 그거 몰라도 되는 건데.' 하고 후회할 수 있는 상황이다. 그런 상황을 생각해보자.

1. 동생은 방에서 자고 있고, 큰아이는 매트가 깔려 있지 않은 곳에서 블록을 높이 쌓고 놀고 있다. 그런데 큰아이가 갑자기 일어나서 블럭 탑을 발로 차려고 하는 액션을 취한다. 그때 엄마가 할 수 있는 말이다.

You don't want to do that.

그것을 하지 않는 것이 좋을 거야.

그거 발로 차면 너 후회할 거야. (동생 께, 엄마에게 혼나~.) 그러니 발로 차지 말라는 의미가 담긴 말인 것이다. 이 상황에서 ' ~ 하지 마!'라고 좀 더 강하게 말할 수도 있다. 그럴 때는 'Don't'를 써서 "Don't do that(그거 하지 마)!" 이렇게 직설적으로도 말할 수 있다. 하지만 우리는 자상하고 친절한 엄마니까 "You don't want to do that." 이렇게 부드럽게 말하고 아이가 그 행동을 안 하도록 잘 이끌어줘야 한다.

2. 아이가 자기 전에 사탕과 과자를 먹으려고 한다. 아이가 충치가 생길까 봐 엄마가 걱정스러운 마음으로 하는 말이다.

You don't want to eat that.
그거 먹지 않는 것이 좋을 거야.

3. 아이가 유튜브 동영상을 너무 많이 시청해서 엄마는 아이의 시력이 걱정된다. 이럴 때 엄마가 아이에게 하는 말이다.

You don't want to see that.
그거 보지 않는 것이 좋을 거야.

4. 아이가 안 좋은 음악을 듣고 있을 때, 엄마가 걱정이 되어서 아이에게 하는 말이다.

You don't want to hear that.
너 그거 듣지 않는 것이 좋을 거야.

세 번째, 'Aren't you ~ ?(너 ~지 않아?)'는 부정의문문이다. 다음 상황을 생각해보자. 비가 오는 날 아이가 비옷을 입지 않고 나시티를 입고 놀고 있다.

이때 엄마가 아이에게 하는 말이다.

Aren't you cold?

너 춥지 않아?

대답은 긍정이면 "Yes, I am(추워)." 부정이면 "No, I'm not(춥지 않아)."

1. 어제 점심을 먹는데 요즘 살이 너무 찐 것 같아 평소 먹는 것보다 밥 양을 줄였다. 그랬더니 딸이 내 밥 그릇을 보고 이렇게 물었다.

Aren't you hungry?

배고프지 않아요? (분명 엄마가 배가 고플 것 같은데?)

대답은 긍정이면 "Yes, I am." 부정이면 "No, I'm not."

2. 저녁에 목이 아플 정도로 책을 읽어줬는데 졸린 눈을 비비면서 둘째가 또 책을 가지고 오는 상황. 그럴 때 내가 아이에게 묻는 말.

Aren't you sleepy?

졸리지 않아? (분명히 너 졸릴 것 같은데?)

3. 아이가 친구들과 운동을 하다가 집에 돌아왔다. 아이가 땀이 많이 났다. 이때 엄마가 아이를 보고 하는 말이다.

Aren't you thirsty?
너 목마르지 않아?

대답은 긍정이면 "Yes, I am." 부정이면 "No, I'm not."

이처럼 이 표현은 내가 상대방의 상태에 대해 가정하고 맞는지 물을 때 사용한다.

네 번째, 'It's nice to ~'는 내가 무엇을 하게 되어 좋다는 감정, 소감을 나타내는 패턴이다. 어떤 상황에서 쓰는지 알아보자.

It's nice to hear that.
그것을 듣게 돼서 좋아.
It's nice to talk to you.
너에게 얘기하게 돼서 좋아.

다음 2가지는 뜻이 다르다. 주의해서 사용해야 하는 패턴 영어이다.

1. 처음 만나 반가울 때 쓰는 말.

It's nice to meet you.

너를 만나게 돼서 좋아.

2. 다시 만나 반가울 때 쓰는 말.

It's nice to see you.

너를 만나게 돼서 좋아.

우리 아이 영어 영재로 키우는 법

CHAPTER 06

우리 아이 틈새 시간은
영어 만화로 공략하라

요즘 아이들은 시간이 없다. 학교숙제와 학원숙제가 많아서 놀 시간이 별로 없다. 아이들은 놀면서 커야 하는데, 운동시간도 많이 부족하고, 공부에만 매달려 자칫 제일 중요한 시기를 놓치고 있을까 봐 걱정된다. 그래서 주말이나 휴일에 가족끼리 근교에 나가서 바람을 쐬면 아이들은 무척 기뻐한다.

엄마들은 어디 여행 갈 때도 아이들이 책을 가지고 다니기를 원한다. 아이들의 의사와는 상관없이… 나도 그런 엄마이다. 차 타고 이동할 때 영어로 된 만화책을 추천한다. 바로 틈새 시간, 자투리 시간을 활용하여 가볍게 읽을 수가 있기 때문에 부담이 되지 않는다.

아이가 유치원생일 경우, 혹은 영어 실력이 많이 낮은 경우에는 모 윌렘스의 책들을 추천한다. 『비둘기에게 버스 운전은 맡기지 마세요!(Don't Let the Pigeon Drive the Bus)』 시리즈, 『코끼리와 꿀꿀이(Elephant and Piggie)』 시리즈 등이 유명하다. 이 시리즈는 영어 그림책으로 되어 있어서 많은 사람들이 읽는데, 만화의 형식을 가지고 있다. 그래서 내레이션이 따로 없고, 주인공들의 대화로만 이루어져 있다. 그리고 말풍선과 산문체가 아니라 대화체로 구성되어 있어서 아이들이 보기에 좋다.

이 시리즈의 첫 번째 장점은 'There was a …', 'She said …', 'He said …' 같은 글이나 설명이 없다는 것이다.

두 번째 장점, 남의 대화를 엿듣는 느낌이 재미있다. 만화책이 그냥 책보다 아이들의 마음을 사로 잡는 것은 이런 이유 때문인지도 모른다. 『비둘기에게 버스 운전은 맡기지 마세요!』, 『코끼리와 꿀꿀이』는 모두 유아 만화여서 연령대에 맞게 폰트 사이즈가 크고, 한 장에 한두 컷이 들어 있어서 페이지 넘기는 속도가 아주 빠르다. 내가 생각할 때 페이지 넘기는 속도가 아이들의 마음을 사로잡는 것 같다.

세 번째 장점, 한두 번 읽어준 이후에는 각자 역할을 맡아 읽은 다음에 또 바꿔서 활동을 하기에 아주 좋다. 참 흥미로운 것은 아이가 그런 활동을 하고 싶어 한다는 것이다. 그냥 영어 그림책이면 안 했을 텐데 말이다. 아마 주인공의 대사를 읽고 바꿔서 다른 주인공의 대사를 읽고 싶어할 것이다. 이것이 좋은 만화책의 힘이다.

네 번째 장점, 주인공의 성격이 매우 다혈질적이기도 하고 감정적이다. 그래서 짧은 말을 소리쳐서 말한다. 말풍선에서 튕겨져 나올 것 같이 말한다. 이것이 아이들에게 좋다. 이런 말을 직접 흉내내는 것이 너무너무 재미있어서 눈으로만 하는 것이 아니라 자신의 입으로 큰 소리로 읽고 흉내내며 말하는 것이다. 아이의 이런 행동의 학습효과는 정말 좋다. 모 윌렘스의 『비둘기에게 버스 운전은 맡기지 마세요!』 시리즈, 『코끼리와 꿀꿀이』 시리즈를 아직 보지 않았다면 히든 카드로 가지고 있다가 긴급 상황 시 아이들의 열정을 심폐소생시키기 좋다.

아는 지인이 3가지 어린이 영어 만화를 추천해주었다. 첫 번째로 『Vera the Alien Hunter』는 쉬운 단어들과 재미있는 내용, 그리고 밝은 색감이 흥미를 많이 끌어서 아이들이 좋아했다고 한다. 베라라는 소녀가 에일리언 헌터가 되는 내용이다. 공상하기를 좋아하는 베라는 자기가 지어낸 외계인 얘기를 부모님께 들려주지만 항상 야단만 맞는다. 그러다가 고양이 모습을 한 외계인 루카를 만나 진짜로 에얼리언 헌터가 되면서 벌어지는 모험 이야기이다. 총 3개의 큰 시리즈에 낱권으로 18권짜리인데, 6챕터가 한 권으로 된 세트도 있다고 한다. 이 책의 장점은 짧아서 아이들이 부담없이 확확 본다는 것이다. 뒤로 갈수록 단어가 많아지지만 단어 레벨은 높지 않아서 아이들이 정말 가볍게 즐길수 있다. 그리고 한 권이 끝날때마다 activity가 있어서 아이들이 단어 찾기 놀이할 때 정말 좋다.

두 번째, 『Magic Adventures』는 총 6권으로 되어 있고, 『Vera the Alien Hunter』 정도 두께이다. 『Magic Adventures』도 단어가 어렵지 않고, 레벨이 올라갈수록 단어 수가 많아지지만 이야기도 흥미진진해져서 아이들이 참 좋아한다. 학교에 새로 전학 온 올리비아가 잭과 벨라라는 친구들을 만나서 같이 매직 월드로 떠나 다크의 위험으로부터 세계를 구한다는 이야기이다. 1~2권은 일상적인 학교에서의 이야기들, 3~4권은 매직 월드에서의 모험, 5~6권은 다크로부터 세계를 구하는 이야기가 들어 있다. 마찬가지로 활동북이 있다. 단어 찾기를 아이들은 좋아한다.

세 번째는 『School Adventures』인데, 이것이 셋 중에 가장 높은 레벨이라고 한다. 『Magic Adventures』와 비슷한 두께이다. CD도 있어서 듣고 공부하기 좋다. 『School Adventures』는 확실히 단어가 많다. 1~2권은 『Magic Adventures』의 주인공 잭과 벨라가 캠핑을 떠나면서 일어나는 이야기, 3~4

권은 동화 속으로 들어가면서 일어나는 이야기이다. 다크도 다시 등장한다.

자투리 시간을 이용하는 영어 만화라면 우리 아이가 어렸을 때 도움이 많이 되었던 『My First Dictionary』를 소개한다. 이 책은 사전이라 분량이 200쪽에 달했다. 그러나 여러 가지 모르는 단어를 바로바로 찾을 수 있어서 좋았다. 특히 좋았던 점은 '세이펜'이 있어서 그 펜으로 단어나 그림을 누르면 영어 발음을 들을 수 있다는 것이다. 우리 아이들은 온종일 시간이 가는줄 모르고 세이펜으로 영어사전을 놀이 삼아 본 적이 있었다.

단행본 역시 자투리 시간을 이용해 읽기 좋은 책이다. 몇몇 작가들이 쓴 단행본을 소개한다. 앤드류 클레먼츠(Andrew Clements)는 미국 뉴저지 출신의 동화 작가이다. 그는 시카고 공립학교에서 7년 동안 교직 생활을 하며 시를 쓰고 노래를 작곡했다. 그는 다수의 아동문학상을 수상했다. 그의 대표적인 작품을 소개한다.

『School Story』 시리즈는 주인공들이 모두 초등학교 5~6학년이라는 공통점을 가지고 있는 10권의 시리즈로, 그 나이 또래 아이들이 학교에서 겪는 문제를 가정과 사회로 확대해 설득력 있게 이야기를 풀어나간다. 미국 초등학교에서 일어나는 사건들이 이야기의 중심인 만큼 학교에서 자주 사용하는 단어나 표현, 교과목 연계단어를 활용해 어휘력을 다지는 데 한몫한다는 평을 받기도 했다. 미국 초등학교 악당들이 다 모였나 싶을 정도로 독특한 이야기를 풀어나가면서 이야기 서술에 그치지 않고 아이들이 선생님께 쓴 편지, 학생 신문에 실린 기사, 시험 시간에 빈 답안지를 내자는 반란 모의 알림장까지 다양한 형태의 글이 함께 수록되어 있다. 한국의 원서 전문 사이트에서의 리딩 레벨 분류는 5.0~6.0이고 아마존에서 확인한 권장 연령은 대부분 8~12세다. 분량은 150~250쪽 내외이다.

『제이크 드레이크(Jake Drake)』 시리즈는 아마존 권장 연령 7~10세, 80~110쪽의 4권으로 이루어진 시리즈다. 장난기 많고 익살스러운 제이크가 친구들과 학교에서 겪는 다양한 사건을 통해 자신에게 가장 소중한 것은 무엇인지, 어떻게 하면 친구들과 사이좋게 지낼 수 있는지 등을 지혜로운 방법으로 해결하며 한 단계씩 성장하는 이야기다.

『벤자민 프랫 학교를 지켜라(Benjamin Pratt and Keepers of the School)』 시리즈는 5권으로 구성된다. 아마존 권장 연령 7~10세, 150~250쪽 분량이다. 천혜의 자연이 빛나는 매사추세츠의 해안에 사는 초등학교 6학년 벤자민 프랫이 다니는 학교는 바닷가에서 불과 50피트(약 15m) 떨어진 아름다운 곳이다. 200년이라는 역사와 전통을 가진 이 아름다운 학교가 졸지에 놀이공원으로 바뀌어 허물어질 위기에 처한다. 학교를 지키기 위해 나서는 초등학교 소년의 노력과 모험을 그린 이야기다.

비버리 클리어리(Beverly Cleary)는 미국 최고의 아동문학 작가로 워싱턴 대학에서 도서관학과를 전공한 뒤 사서로 일하면서 만난 다양한 계층의 아이들을 통해 많은 영감을 받아 아이들이 좋아할 책을 직접 쓰게 되었다고 한다. 아이들이 가진 솔직함과 엉뚱함, 때론 진지한 모습을 그대로 살려낸 다양한 캐릭터와 이야기는 어린 독자들에게 열광적인 사랑을 받고 있다. 비버리 클리어리는 뉴베리 작품상을 3번이나 수상하기도 했다.

『헨리(Henry)』 시리즈는 여섯 권의 시리즈이며 한국 원서 전문 사이트의 리딩 레벨 4.6~5.3, 아마존 권장 연령 8~12세, 200쪽 내외 분량이다. 시리즈 주인공 헨리는 『라모나(Ramona)』 시리즈의 라모나의 언니 비저스의 가장 친한 친구다. 뻣뻣하게 선 머리카락과 커다란 앞니 2개가 트레이드 마크인 3학년 말라깽이 헨리의 지루할 틈 없는 일상을 다룬 이야기다.

『랄프(Ralph)』 시리즈는 3권으로 이루어져 있으며 한국 원서 전문 사이트의 리딩 레벨 5.1, 아마존 권장 연령 8~13세, 160~200쪽 분량이다. 한적한 교외의 호텔에서 살고 있는 생쥐 랄프의 모험 이야기이다.

아이들이 병원 놀이 하는 상황을 생각해보자.

Let's go to see a doctor.

병원에 가자.

Do I have to get a shot?

주사를 맞아야 하나요?

Let's go to see an eye doctor.

안과에 가보자.

The hospital is crowded.

병원에 사람들이 많네.

Let's hurry up!

서두르자.

The hospital opens until 5 o'clock.

병원이 5시까지 해.

CHAPTER 07

영어 동영상은
어떻게 선택해야 할까

영어 애니메이션의 유형별 특징과 차이는 영어 동영상을 선택할 때 충분히 고려해야 하지만 그렇다고 지나치게 얽매일 필요는 없다. 영어를 보고 들을 때 모든 말을 알아듣고 내용을 다 이해해야 영어 듣기와 이해 능력이 발전하는 것은 아니기 때문이다. 아이의 현재 수준에서 어려울 것이라 생각되는 동영상이라도 아이가 지속적으로 진지한 관심을 보이고 계속 보고 듣기를 원한다면 굳이 막을 필요가 없다.

영상을 보며 이야기의 흐름과 내용을 대략적으로라도 파악하고 이를 통해 관심과 흥미를 유지할 수 있으면 충분하다. 영어 그림책을 읽어주는 동영상 사이트를 소개한다.

'스토리 온라인'은 배우들이 그림책을 실감나고 재미있게 읽어준다. 단점은 중간중간 배우들의 얼굴이 나오면서 책의 모든 그림을 보여주지 않는다. 책을 다 보고 싶으면 다른 채널을 이용해야 한다. 재미있게 읽는 것을 보려면 '스토리 온라인'을 권한다.

예를 들면, 『I Need My Monster』는 침대 밑의 괴물에 관한 이야기이다. 침대 밑에 괴물이 있을까 봐 잠자기 힘들어하는 아이들을 달래주는 책들이 많다. 그런데 이 책은 괴물이 있어야 잠을 잘 수 있는 독특한 아이의 이야기이다. 아이들이 한참 으스스한 이야기, 더럽고 징그러운 동물이나 물건 같은 것에 관심을 보이는 시기에 재미있게 볼만한 책이다.

『도서관에 간 사자(Library Lion)』는 그림도 내용도 마음이 따뜻해지는 책이다. 도서관에 동물들이 등장하는 책은 보통 도서관에서 조용히 하는 것을 힘들어하는 아이들을 위한 것이 많다. 이 책은 그에 대한 반전이 그려지고 있다.

『Stellaluna』는 아기 박쥐의 모험담이다. 유치원생부터 초등학교 저학년 아이들에게 적당하고 유익한 그림책이다. 글밥이 제법 많은 그림책이지만, 한 글로라도 꼭 읽어보라고 권하고 싶다. 그림이 사실적이라 무서운 것을 싫어하는 유아들에게는 엄마가 미리 보고 판단해서 권해야 한다. 미국에서는 만 4~5살 때 많이 보여준다.

『엄마의 손뽀뽀(The Kissing Hand)』이 책을 읽어주니 아이들이 졸라서 아이들 손바닥에 뽀뽀를 해주었던 기억이 난다. 아이들이 자기 손에 뽀뽀를 한 후에 제 얼굴에 대주었던 기억도 떠오른다. 학교 가기 무서운 아이를 격려하는 엄마의 지혜가 돋보이는 책이다. 순하고 따뜻한 유아용 그림책이다. 한글판 제목은 '뽀뽀손'이었는데, 출판사가 바뀌면서 '엄마의 손뽀뽀'로 바뀌었다.

『개구쟁이 해리 목욕은 싫어요(Harry the Dirty Dog)』는 목욕하기 싫어서 도망갔던 강아지가 집으로 돌아오는 줄거리의 유아용 그림책이다. 만 3살 전후부터 읽어주면 아이들이 좋아할 만한 요소가 많다. 보드북 보는 시기에 자주 권하는 책이다.

유리 슐레비츠의 『내가 만난 꿈의 지도(How I Learned Geography)』는 그림이 아름답다. 칼데콧상을 받은 책이다. 자칫 지루해질 수 있는 책을 배우가 잘 읽어준 것 같다. 화면도 그림책 보는 것 이상으로 잘 보여줘서 좋다.

어떤 것을 선택하든 영어 동영상 시청이 너무나 재미있고 신이 나서 자신도 모르는 사이에 푹 빠져 즐기는 오락이나 놀이가 되도록 만드는 것이 무엇보다 중요하다. 공부한다는 생각은 모두 잊고 그냥 즐기도록 해야 한다. 영어를 언제 시작하는가와 상관없이 전 연령 통틀어 중요한 것이 듣기이다.

0~3세 시기에는 무의식적 흡수 시기로 아가들이 이것이 영어인지 한국어인지 구분 없이, 재미있는지 없는지 구분 없이, 어려운지 쉬운지 구분 없이 소리로 영어를 흡수하는 시기이다.

아이가 누워 있을 때는 소리만 들려줘도 되고 기어다니거나 앉아 있을 수 있을 정도가 되면 영어 동화를 들려주면서 책을 엄마가 같이 넘기며 보여주면 이미지로 유추할 수 있도록 도울 수 있다. 아이가 돌아다니면 본인 스스로 꺼내서 읽어달라고도 하게 된다. 이때는 한국어 동화와 영어 동화를 같이 준비해서 한국어 동화는 읽어주고, 영어 동화는 들려주는 것이다.

개인적인 생각이지만 DVD나 유튜브 영상은 이 시기에 보여주기에는 조금 이르다고 생각한다. 뇌가 아직 어리기 때문에 자극이 너무 강할 수 있다. 자극이 너무 강할 경우(영상) 그에 미치지 못하는 책은 지루하다는 느낌을 주게 되고 또 다른 더 강한 자극을 원하게 된다. 따라서 이 시기에는 유튜브 영상이나 DVD는 조금 미루는 것이 좋다.

4~6세는 의식적 흡수 시기이다. 이 시기에는 아이들이 좋아하는 것과 싫어하는 것을 구분해서 선택한다. 이전에 영어가 재미있는 자극으로 흡수된 상태라면 쉽게 다음 자극을 줄 수 있는데, 이전에 전혀 자극이 없다가 이때 영어를 시작하려고 하면 낯가림이 있을수 있다.

이때 유튜브 영상이나 DVD를 활용하면 좋은데, DVD가 더 낫다. 시간이 정해져 있기 때문에 한 편만 보자고 제안할 수 있기 때문이다. 그래서 아이들에게 유튜브 영상도 시간을 정해놓고 태블릿이나 노트북으로 틀어주는 것이 좋다.

7~9세는 초등학교 저학년 시기인데 초등학생이 되면 학교 학습을 따라가느라 영어를 학습으로 시작하게 되는데 이때에도 듣기가 중요하다. 이 시기에는 아이들이 책 읽기(한글과 영어)와 학습에 균형을 맞추는 것이 정말 중요하다.

다음은 아이들이 좋아하는 주제와 그림들이 가득한 재미있는 영어교육 프로그램 DVD를 만든 작가를 소개한다.

리차드 스캐리(Richard Scarry) 작가는 생동감 넘치는 살아 있는 그림책 작가로 유명하다. 리차드 스캐리는 1919년 미국에서 태어나 30년 넘게 아동작가 및 일러스트레이터로 활동했으며 300권이 넘는 작품을 남겼다. 그는 전 세계에서 가장 사랑받는 아동 작가이다. 그의 책은 항상 즐거움과 어린이들이 볼수록 빠져들게 만드는 매력적인 그림들로 가득 채워져 있다. 동물들을 매우 좋아해서 자신의 책에 동물을 의인화한 캐릭터를 사용했다. 교육적인 지식까지 충실히 담은 것이 그의 책의 특징이다.

『The Busy World of Richard Scarry』 시리즈는 세상에서 가장 많이 팔리는 리처드 스캐리의 원작에 근거한 오리지널 애니메이션이다. 6명의 친구들이 비지타운의 곳곳을 돌아다니며 불가사의한 사건의 해답을 찾고 모험을 즐기는 이야기이다. 이 시리즈는 문제 해결 능력이 생기도록 돕는다. 인기비결 중 하나는 노래를 통해서 사건을 해결한다는 것이다. 사건이 해결되면 과거에 있었던 일을 이야기해주어서 반복적인 학습에도 도움이 된다. 아이들에게 좋은 교육용 동영상으로 강력 추천한다.

거기에 여유가 되면 자신에게 맞는 레벨의 책 읽기를 CD로 들으면서, 애니메이션도 보고 '리틀팍스' 같은 쉬운 동화도 따라 해보기를 바란다. 아이가 좋아하는 애니메이션을 적극 추천한다. 그중에서도 디즈니 애니메이션은 학습용으로 제작되어서 영상과 워크북이 따로 있다.

지금은 많이 사라졌지만 비디오 대여점을 이용하여 디즈니 영화를 감상하는 것도 하나의 즐거운 방법이다. 난 가끔씩 시립도서관에 아이들과 함께 가서 책을 빌리고 DVD로 된 영어 애니메이션을 시청한다. 그럼 아이들은 매우 좋아한다. 영어 동영상은 아이들이 흥미롭고 재미있는 것으로 골라봐야 후회가 생기지 않는다.

PART 4.

우리 아이
영어 영재가 된
8가지 비결

CHAPTER 01

우리 아이가 원하는 것은
따로 있었다

나는 결혼할 당시 29살이었다. 그때 나의 자존감은 바닥이었다. 나의 외모 콤플렉스는 심각했다. 당시 나의 몸무게는 75kg이었다. 그래서 선을 보면 매번 차이고 말았다.

'나 같은 여자를 사랑해주는 남자는 이 세상에 없을 거야!'

난 더 이상 결혼하고 싶지 않았다. 그런데 선으로 만난 우리 남편은 나를 있는 그대로 받아들이고 아낌없이 사랑해주었다. 남편을 만나고 나서 나의 자존감은 회복되어서 나를 사랑하고 꾸미기 시작했다. 아이들도 더 잘 돌볼 수 있게 되었다.

빌 게이츠는 자신의 롤 모델로 부모님을 꼽으며 "부모님은 밖에서 일어나는 다양한 일을 아이들에게 전달해주었다. 비즈니스, 법률, 정치, 일상 경험들과 같은 이야기를 해주신 부모님 덕분에 일상에서 서로 의견을 구하는 것이 자연스러웠다."라고 말했다. 그는 평소에 공감할수 있는 가벼운 대화를 끊임없이 나누면서 부모가 자신에게 의견을 물을 만큼 중요한 사람으로 생각한다는 것을 알았다고 했다.

이렇게 아이들에게 먼저 다가가며 존중한다면 특별한 교육법이 필요 없다. 일상 속에서 늘 아이들의 롤 모델이 되기 때문이다. 아이들은 스스로 특별한 사람이 되기 위해 누구보다 고민이 많다. 그 시간을 기다려주는 부모의 이해와 수용이 가장 좋은 자녀 교육이 된다.

우리 큰아이 초등학교 2학년 때 일이다. 우리 가족은 오랜만에 도시락을 싸서 인근 공원으로 놀러나갔다. 그때 우연히 딸아이 친구가 인라인을 타고 신나게 놀고 있는 모습을 보았다. 내가 보아도 신이 났다. 난 아이들에게 말했다.

"인라인 타고 싶니?"

"응, 재미있을 것 같아."

"엄마도 타고 싶다, 그럼 인라인 사서 같이 타자!"

아이들은 엄청 좋아했다. 난 인터넷 쇼핑몰에서 최저가 인라인을 발견하고 주문했다. 하는 김에 내 것도 같이 주문했다.

3일이 지나고 기다리던 인라인이 택배로 왔다. 우리는 잘 타지 못해서 강습을 받아야 했다. 난 인라인 강습하는 곳을 알아보았다. 그때 마침 집 근처 가까운 인라인 스포츠센터가 있었다. 딸, 아들, 나, 이렇게 셋을 등록했다. 그리고 일주일에 3번씩 강습을 받았다. 처음에 강습받을 때는 두려움이 많아서 발을 떼지 못하고 넘어지기에 바빴다. 여기서 깨달은 바가 있었다. 넘어지는 것을 예상하고 안 다치게 넘어지는 방법을 배워야 한다는 것이다. 코치님은 쉬운 코스부터 강습을 해주시면서 당연히 넘어지는 거니까 안 다치게 넘어져야 한다며, 엉덩이로 넘어지는 방법을 알려주셨다. 아이들은 금방 배워서 잘 타고 나만 코스 연습을 더 해야 했다.

아이가 태어났을 때 우리는 삶의 기적을 경험한다. 아이가 원하는 것은 무엇이든 할 수 있도록 특별한 아이로 키우기를 마음먹고 최선을 다한다. 그러나 현실은 그렇지 못할 때가 있다. 나는 둘째 아이를 왼쪽 시력이 없는 장애

아로 출산했다. 너무나 큰 충격이었다. 나의 인생에서 이런 일은 상상도 못 했던 일이기 때문이었다. 깊은 우울증에 빠져 매일 울며 지내는 나를 구한 것은 바로 둘째 아이의 초롱초롱한 눈빛이었다. 아이가 날 보고 방긋방긋 웃으며 이렇게 말하는 것 같았다.

'엄마, 울지 말아요, 제가 있잖아요. 전 엄마에게 태어나서 너무 행복해요.'

순간 나는 전율을 느꼈다. 그리고 '긍정적으로 변해야겠다. 빨리 우울의 늪에서 빠져나와 아이를 살리고 나를 살리겠다.'라는 생각이 번뜩 들었다.

난 아이가 어릴 적부터 음악을 많이 들려주었다. 그래서인지는 몰라도 우리 아이들은 음악에 소질이 많았다. 둘 다 바이올린을 했는데 바이올린 선생님이 지만이는 바이올린 전공해도 되겠다고 말하셨다. 듣는 귀가 발달해서 첫째보다 더 빠르게 바이올린 테크닉을 익혔다. 아무 곡이나 들으면 바이올린으로 즉흥 연주를 했다.

내심 아들이 바이올리니스트가 되었으면 하는 기대가 있었다. 내가 바이올린 곡을 워낙 좋아하기 때문이기도 하다. 하지만 아들의 꿈은 과학자라고 한다. 아들은 어릴적부터 만들기에 소질이 있었다. 블럭을 쌓거나 다른 레고를 조립하는 것을 응용하며 누나와 잘 놀곤 했다. 딸이 필리핀 유학을 간 후

아들은 만들기에 집중하며 5~6시간씩 과학상자로 모형을 만들었다. 그리고 왕구슬로 직접 불을 끄는 방법을 개발했다. 침대에 누워서 줄을 잡아당기면 왕구슬이 불 끄는 버튼을 터치해서 불이 꺼진다. 아들은 이렇게 불을 끄고 잠을 잤다. 난 아들이 대견스러웠다.

나는 우리 아이들 영어를 직접 가르쳤다. 특히 지만이는 오랫동안 나에게 영어를 배웠다. 난 공부만 같이 하면 될 줄 알았다. 그런데 지만이는 나에게 나가서 축구를 하자고 했다. 처음에는 싫다고 했는데, 자꾸 축구하러 가자고 해서 억지로 한 번 나갔다. 그런데 나도 축구를 해보니 신나고 재미있었다. 아이들과 공부만 할 것이 아니라 바깥 활동을 더 많이 해야겠다고 다짐했다. 얼마나 좋아하던지, 아직도 생생하다.

요즘 아이들은 학원과 숙제로 몸살을 앓고 있는 것 같다. 우리 아이들은 아직 그 정도로 공부를 열심히 하지는 않는다. 지인들에게 토요일에 아이들과 운동장에서 축구를 하자고 했다. 그래서 지만이 친구 7명 정도가 토요일마다 학교 운동장에 모여서 축구를 했다. 엄마들은 번갈아가며 간식을 만들어왔다. 아이들이 뛰어노는 모습을 보니 건강하게 잘 자라줘서 고마웠다.

둘째 아이의 또 다른 취미는 종이접기였다. 한 번 종이접기를 시작하면 거의 2~3시간 동안 종이접기를 했다. 처음에 난 종이 접는 시간이 아깝다고 생각했다. 하지만 지만이는 고난이도의 종이접기를 하고 있었다. 정말 어려운 드래곤. 난 이런 종이접기가 있는 줄 꿈에도 몰랐다. 아들은 나에게 이렇게 말했다.

"엄마, 종이접기로 서울대 간 사람이 있대."
"그랬구나. 넌 종이접기가 그렇게 좋니?"
"응."

지금도 아들은 시간이 있으면 종이접기를 한다. 별걸 다 만들고 나에게 선물해주기도 한다. 그때마다 아들이 고맙다.

유학 간 딸이 여름방학 때 잠깐 한국에 왔다. 좋은 곳으로 여행 가자고 했다. 난 좋은 호텔에 가서 지내려고도 생각했다. 그런데 딸의 반응은 달랐다.

"엄마, 전 캠핑 가고 싶어요."

우리의 예상과 달리 혜리는 캠핑 가서 낚시도 하고 해먹 타고 솔향기를 맡고 싶다고 했다. 난 솔직히 캠핑은 가고 싶지 않았다. 그냥 좋은 호텔에서 에어컨 틀고 여유롭게 휴가를 즐기고 싶었는데, 캠핑이라니….

　　　　우리 아이 영어 영재로 키우는 법

일주일이 지나면 다시 필리핀으로 가야 하는 딸이기에 그녀의 소원대로 캠핑을 갔다. 하긴 캠핑을 가면 우리 집 남자들이 밥을 하고 설거지를 해서 좋긴 좋았다. 난 그 맛에 캠핑을 간다.

이렇게 휴가를 마치고 딸은 비행기를 타고 필리핀으로 공부하러 돌아갔다. 가기 전날 밤 딸이 간장게장을 먹고 싶다고 했는데 그것을 못 먹이고 그냥 보낸 것이 내내 아쉬웠다. 아이가 공부를 마치고 안전하게 오기를 소망했다.

아이가 거짓말할 때를 생각해보자.

That's a lie. Why did you lie?

그건 거짓말이야. 왜 거짓말했어?

I won't scold you, so tell me the truth.

혼내지 않을 테니 사실대로 말해봐.

I'm sorry that I lied.

거짓말해서 죄송해요.

I lied because I was afraid I would get in trouble.

혼날까 봐 무서워서 거짓말했어요.

Lying is the worst thing in the world.

세상에서 거짓말하는 것이 제일 나빠.

I hope you won't ever lie to me.

다시는 엄마에게 거짓말하지 않으면 좋겠어.

I won't do it again.

다시는 안 그럴게요.

CHAPTER 02

내 아이에게 맞는
영어 학습법을 찾아라

영어를 잘하는 아이들에게는 공통점이 있다. 바로 모국어 능력이 뛰어나다는 점이다. 즉 한국말을 잘하는 아이가 영어도 잘한다는 뜻이다. 대한민국은 영어 조기교육 열풍으로 뜨겁다. 영어도 중요하나 더 중요한 점은 바로 모국어 교육이다.

아이들을 가르치며 느끼는 점은 국어를 잘하는 아이가 영어도 잘한다는 것이다. 풍부한 모국어 어휘를 구사하고 잘 읽고 잘 쓰는 아이는 확실히 영어도 빨리 늘었다. 모국어도 이해가 되지 않는 상태에서 영어로 외국인과 대화하려니 영어가 더 하기 싫어질 수밖에 없다.

딸 친구가 부모님의 권유로 영어 유치원에 다녔는데, 모국어가 완전히 자리 잡히지 않은 상태에서 영어를 배우니 참 힘들어했다. 그 당시는 잘 몰랐었는데 지금 생각해보니 아이가 받은 스트레스는 정말 컸을 것이다. 영어를 일찍 시작한 아이도 영어를 모국어 수준 이상으로 잘하기 힘들다. 모국어가 완전히 자리 잡아야 그것에 기반을 두고 외국어 실력이 늘 수 있다.

"나는 지금처럼 모국어로 아이와의 유대감을 탄탄하게 다져서 좋은 모자 관계를 구축한 다음, 조금씩 시간을 정해 아이와 함께 영어를 하는 것을 영어 학습의 기본 방침으로 삼았다."

나도 이 말에 동의한다. 국어를 잘해야 영어도 잘하는 것은 당연하다. 나는 책을 좋아하는 딸을 위해 시공주니어 동화책 전집을 사서 읽어주었다. 영어책은 아니었지만 대부분 외국 그림책을 번역한 것이었다. 그 당시 전집의 권수가 205권으로 기억한다.

어느 날 홈쇼핑 채널에서 책을 파는 방송이 나오고 있었다. 너무 좋은 책이 책장까지 세트로 89만 원이라고 쇼 호스트가 말했다.

"이번 기회를 놓치면 큰 후회 하실 거예요. 얼른 구입하세요. 수량이 얼마 남지 않았어요."

난 그 얘기를 듣고 카드 할부로 결제를 했다.

'그래, 결심했어, 책을 좋아하는 딸을 위해 사서 읽어주자.'

책이 집으로 오는 날 얼마나 기뻤는지 모른다. 그런데 책을 읽어주다 보니 아이들보다 내가 더 책에 재미를 느끼게 되었다. 그래서 더 열정적으로 아이들에게 책을 읽어주었던 것 같다.

딸아이는 아침에 일어나면 책을 읽고 동생은 블록을 가지고 만들기를 했다. 아이마다 성향이 달라서 처음에는 양육하기가 너무 힘이 들었다. 하지만 시간이 지나면서 아이들의 성향을 이해하고 그에 맞게 양육을 할 수 있었다.

난 결혼 후에 피아노 레슨을 그만두고 가정살림에 올인했다. 그래서 아이들을 더 잘 키우고 싶었다. 난 전업 주부였기에 아이들과 온전히 함께하는 시간이 많아서 책을 많이 읽어 줄 수 있었다. 그당시 나는 책을 주로 전집으로 많이 샀다. 우리 집에는 책이 정말로 많았다. 친구들이 놀러오면 놀랄 정도였다. 아이들 장난감도 많이 있었지만 책이 더 많았다. 우리 집 아이들은 놀이처럼 책을 가지고 놀다가 잠을 자기도 했다. 나도 아이들과 놀다가 같이 잠을 자기도 했다. 행복한 시간이었다. 아이들에게는 영어책이 아니더라도 좋은 책을 많이 읽어줘야 한다.

나는 딸아이가 언어 쪽에 뛰어난 능력이 있다는 것을 알게 되었다. 책을 많이 읽다 보니 한글을 책으로 뗐고, 동화책을 읽어주면 스토리텔링을 잘했다. 어느 날은 길을 가다가도 가게 간판을 보거나 큰 글씨가 있는 영어 간판을 보면 손으로 가리키며 나에게 읽어주었다.

딸이 아들과 같이 집에서 노는 것을 유심히 보면 내 흉내를 내면서 장난치고 놀고 있다. 주로 나와 남편의 대화를 스토리텔링해서 동생과 소꿉놀이를 하면서 놀았다.

"오빠, 회사 잘 다녀와." 딸이 말했다.
"응, 잘 다녀올게. 애들이랑 잘 놀고 있어." 아들이 말했다.
"올 때 맛있는 거 많이 사와요." 딸이 다시 말한다.
"응. 알았어." 아들이 말한다.
"고마워요."

딸은 이렇게 말하며 내 흉내를 내며 동생과 친구처럼 놀았다.

우리 이종사촌은 미국으로 시집을 가서 아이 셋을 낳고 다복하게 살고 있다. 첫째를 낳았을 때 독일에서 살았는데, 아이는 아빠가 미국인이라 영어를 사용하고 엄마는 집에서 주로 한국어를 사용하니 이중언어가 자유자재로 되었다. 그런데 지금은 모국어가 영어여서 한국어를 조금 까먹었다고 한다.

이처럼 모국어를 영어로 쓰니 상대적으로 한국어를 쓸 기회가 없어서 잘 사용하지 않게 되고 한국어가 서툴게 되는 것이다. 한번은 메디가 우리 집에 놀러와서 같이 바다 구경을 갔다. 메디는 '갈매기'를 보고 '불고기'라고 말해서 모두 다 웃었다.

난 영어 환경을 만들어주려고 노력을 계속했다. 오랜 시간이 지난 뒤 딸은 영어 학습 효과를 보기 시작했다. 원어민과 얘기하는 것에 익숙해지고 자신만만해졌다. 영유아때 했던 메이센 프로그램이 딸에게 맞았던 것 같다. 노래하며 몸으로 배우는 동작 영어가 많아서 아이들이 수월하게 따라갈 수 있었다.

전 세계적으로 널리 알려진 TPR(Total Physical Response) 언어 학습법은 바로 신체의 움직임이 많이 포함된 활동이다. 이러한 활동이 아이들의 흥미를 자극하고 참여를 격려하며 학습에도 큰 도움이 된다. 예를 들면 〈Heads and Shoulders, Knees and Toes〉와 〈If You're Happy and You Know It〉 같은 노래나 〈Simon Says〉 같은 놀이는 아이들의 신체를 많이 움직이게 하는 역동적인 활동으로, 책 읽기 전의 준비 활동으로 매우 효과적이다.

우리 아이가 영어책 읽을 때 지켰던 것이 있다. 첫 번째, 쉽고 재미있는 책으로 천천히 진도를 나갔다. 글은 없고 그림만 있는 책이나, 단어를 몰라도 그림만 보고 내용과 흐름을 짐작할 수 있는 책이다. 그림만 있는 책부터 시작해 한 페이지가 한 단어로 구성된 책, 2~3개 단어로 구성된 책, 한 문장으로 구성된 책, 2~3개 문장으로 구성된 책 등으로 아주 조금씩 수준을 높여나갔다.

두 번째, 영어책을 읽고 독후 활동을 했다. 그렇게 거창한 것은 아니고 소박하고 평범하지만 재미와 효과는 만점이다. 어떤 의미에서는 화려하기까지 한 다양한 형태의 독후 활동들에 비하면 소박하다 못해 그저 평범하다. 그러나 본래 모든 것의 핵심은 단순하기 마련이고, 진실은 평범해 보이는 것이다.

아이와 엄마가 역할 분담을 어떻게 하는 것이 좋을지 미리 생각해두는 것이 좋다. 독후 활동으로 북로그를 작성하는 것이다. 책 제목, 작가 이름, 책에 대한 느낌과 평가를 간단하게 적는 것이다. 가끔 딸이 어려워할 때는 내가 대신 써주기도 했다. 모르는 단어를 노트에 적고 함께 플래시 카드를 만들어보기도 했었다.

나이가 어릴수록 원어민과 대화하는 영어교육이 좋은 방법이라고 생각한다. 그래서 우리 아이들을 영어 유치원에 보냈다. 그리고 저학년때는 해마다 여름이면 영어캠프를 보냈다. 일주일 정도 숙식을 하는 캠프였다. 교사들은 대부분 원어민 선생님들로 구성되어 있었다. 우리 딸은 그곳에서 재미있는 프로그램으로 영어 공부를 했다. 여름 캠프를 다녀오면 아이들의 영어 실력이 향상되고 영어를 대하는 태도가 달라졌다.

딸이 4학년이 되었을 때 나는 프랜차이즈 영어 공부방을 오픈했다. 오픈한 날부터 딸과 아들은 나에게 본격적으로 영어를 배우게 되었다. 딸이 1년 정도 배우고 5학년이 되었을 때 필리핀으로 1년 어학 연수를 다녀오게 되었다.

딸은 지금 중학교 2학년이다. 딸은 여전히 친구들과 함께 나에게 영어과외를 받고 있다. 딸은 감사하게도 이번 2학년 학기말 고사에서 영어 100점을 받았다. 다른 친구들도 다 90점이 넘는 점수를 받았다. 나는 동기 부여 영어 선생님이다. 그냥 일반적인 영어 선생님이 아니라 아이들에게 자존감을 높여주는 동기 부여 영어 선생님이다. 그래서 학부모님들은 나에게 감사 전화를 많이 하신다. 한 학생의 학부모님이 전화를 주셨다.

"선생님, 너무 감사해요, 우리 아이가 영어 포기자였는데, 지금은 영어가 가장 좋아하는 과목이 되었어요. 정말 감사드려요. 선생님이 자신감을 많이 심어주시고 칭찬도 많이 해주셔서 저희 아이가 영어를 좋아하게 되었어요."

    S군은 나에게 5학년 때 파닉스부터 배웠다. 중학교 2학년이 된 지금은 기말고사 영어 점수가 90점을 넘었다. 나에게 상담을 받고 싶은 학부모님은 010-5527-2454로 연락을 주시면 상담해 드릴 수 있다.

CHAPTER 03

엄마가 먼저
영어 즐기는 모습을
보여줘라

　나는 첫째를 낳고 행복한 결혼생활을 하고 있었다. 딸아이는 하늘에서 내려온 천사같았다. 바라보기만 해도 마음이 든든하고 행복했다. 나는 혜리에게 좋은 것들만 주고 싶었다. 아이들에게 제일 좋은 것은 엄마가 책을 읽어주고 같이 놀아주고 먹고 자는 것이다. 나는 책을 많이 읽어 주었는데 그중에서도 동화책, 위인전, 성경 등을 읽어주었다. 그리고 영어 회화 문장을 딸이랑 같이 외웠다.

　전 당진문화원에서 수요일과 금요일 10시부터 12시까지 영어회화 수업이 있었다. 우리를 가르쳐준 영어 선생님은 70이 넘으신 전병채 선생님이다. KBS 미디어 사장까지 하시고 미국에서 딸과 함께 있다가 한국으로 오신 분이다. 선생님은 열정이 넘쳐서 수업이 너무 재미있었다. 수업을 갈 때마다 배우는 것이 참 많았다. 선생님의 겸손한 마음과 따뜻한 사랑도 많이 느꼈다.

선생님은 숙제로 다이얼로그(dialogue)를 외워 오라고 하셨다. 그리고 제일 잘하는 사람은 '달러'를 하얀봉투에 넣어서 주셨다. 그중에서도 제일 잘한 사람은 달러를 다른 사람의 2배로 받았다. 난 그 봉투가 받고 싶었다. 그런데 나보다 영어를 잘하는 언니들이 많아 1등을 하기 어려운 상황이었다. 집으로 돌아온 나는 영어회화 문장을 펼치고 외우기 시작했다. 외워질 때까지 했다. 처음에는 잘 안되었는데 외우다 보니 잘 외워졌다. 자신감이 생기기 시작했다. 한 문장을 거의 100번씩 큰 소리로 소리내어 외웠다. 난 혜리에게 같이 다이얼로그를 하자고 말했다.

"혜리야, 엄마 영어회화 대화 같이 연습하자." 난 혜리에게 말했다.

"뭔데?" 딸아이가 말했다.

"이거 엄마 내일 영어회화 시험인데 네가 상대방 역할을 해줘. 이거 잘하면 엄마 선생님에게 달러 받는다. 그리고 1등 하면 달러를 2배로 주신대. 그럼 맛있는거 사줄게."

"알겠어, 하자."

난 딸이 고마웠다. 그렇게 딸과 주거니 받거니 회화 연습을 했다.

다음날 아이들 유치원에 보내고 마침내 수요일 영어회화 수업 시간이 다가왔다. 난 조금 떨렸다. 그리고 나보다 잘하는 언니들이 있었기에 자신이 없었다. 드디어 내 차례가 왔다. 난 멋지게 검사를 통과했다. 결국 난 'best performer'가 되었다. 난 그때를 잊을 수가 없다. 선생님이 나를 칭찬하시면서 얼마나 연습을 많이 했냐고 하셨다. 난 "될 때까지 했습니다."라고 말했다.

집으로 돌아온 나는 아이들 하원하고 즐거운 마음으로 아이들에게 엄마가 오늘 영어회화반에서 'best performer'가 돼서 10달러 받았다고 자랑했다. 그리고 아이들 좋아하는 피자와 치킨을 사주고 파티를 했다. 지금 생각해도 너무 즐거운 추억이다.

나는 아이들에게 영어를 노출시키기 위해 여름방학이면 영어캠프를 항상 보냈다. 이번에는 교회에서 하는 영어캠프를 신청했다. 나는 자청해서 미국 원어민 선생님과 우리 집에서 3일 동안 홈스테이를 하겠다고 했다. 우리 아이들도 엄청 좋아했다. 그때 애슐리 곤잘레스 선생님 기억이 아직도 생생하다.

곤잘레스 선생님은 미국 여대생이었다. 애슐리는 우리 딸 영어 이름이기도 해서 신기하기도 했다. 우리는 애슐리 선생님과 친해져서 저녁을 먹고 공기

놀이도 하고 같이 마트에 쇼핑하러 가기도 했다. 그때 영어를 많이 아이들이 사용했다. 나도 잘하지는 못했지만 영어로 얘기했다. 그때 선생님이 미국에서 직접 사가지고 온 인형을 혜리, 지만이에게 주었는데 아직도 소중히 가지고 있다. 난 애슐리 선생님과 이런저런 얘기를 했는데 자유분방하고 음악 듣는 것을 너무 좋아했다. 나랑 코드가 맞아서 많은 이야기를 했는데 밤새 시간 가는 줄 몰랐다. 지금도 애슐리 선생님과 페이스북으로 연락하고 있다.

나는 아이들이 각각 초1, 초2 때 아산에 있는 ○○초등학교 방과후 피아노 선생님을 5년 정도 했던 적이 있었다. 그리고 저녁에는 방통대 영문과 3학년 학생으로서 공부를 했다. 영어영문학과 3학년 때 스터디를 같이 한 언니가 있었다. 언니는 성악을 전공했는데, 영어를 공부하는 데 나에게 많은 도움을 주었다. 화상으로 서로 영미시나 영미소설을 해석하며 작가의 의도를 파악하며 같이 공부했다.

영미 고대시도 아름다운 선율이 있었고, 내용도 지금처럼 사랑을 다루거나 교훈이 되는 내용이 많았다. 영미시와 영미소설이 너무 재미있었다. 그 당시 아이들이 읽고 있는 『이상한 나라의 앨리스』, 『보물섬』, 『주홍글씨』 등은 한글 번역본을 알고 있어서 원서로 읽으니까 더 흥미진진했다.

내가 영어 공부를 하니까 아이들에게도 볼 만한 책을 추천해줄 수 있어서 좋았다. 나름 제일 잘나간다는 영어책을 구입해서 아이들과 함께 영어책을 읽었다. 그리고 영어 유치원에서 오면 간단하게 오늘 배운 내용을 CD로 다시 듣고 아이들과 함께 놀았다. 나는 아이들에게 CD 딸린 영어 동화책을 많이 읽혔다. CD를 통해 그 책의 내용을 파악할 수 있기 때문에 아이들에게 도움이 많이 되었다. 아이들이 커가는 모습을 보니 뿌듯하고 감사했다.

나는 영어 회회에 관심이 많이 갔다. 그래서 회화 수업을 전문으로 하시는 원어민 선생님의 영어수업을 따로 들었다. 아이들을 학교에 보내고 수업을 들었다. 확실히 원어민 선생님과 말을 하니까 영어회화 실력이 늘었다. 그리고 그 나라의 문화를 알 수 있어서 흥미로웠다. 남편도 내가 영어회화 실력이 늘자 좋아하는 눈치였다.

우리 영어회회반은 대사를 외워서 대화하는 시간이 있었는데, 공부하려면 한두 시간은 투자해야 했다. 나는 아침에 일찍 일어나서 정해진 시간에 영어회화를 외우고 운동을 하고 밥을 했다. 영어를 잘 외운 날은 수업이 기다려졌다. 하지만 숙제를 안 한 날은 왠지 수업에 가기가 싫었다. 아이들도 공부할 때 이런 마음일 거라 상상해본다.

나는 혼자서 자주 피아노를 치며 팝페라곡, CCM, 발라드곡 등을 노래한다. 잘하지는 못하지만 나의 만족이기 때문에 다른 사람 신경 쓰지 않고 노래

한다. 주로 영어로 된 가사나 이태리어가사가 대부분이다. 대학 시절 이태리 노래를 많이 배워서 나만의 리스트가 있었다. 아이들 어릴 적부터 노래를 하다 보니 어느새 레퍼토리가 정해져 있다. 〈You Raise Me Up〉, 〈All I Ask of You〉, 〈Memory〉, 〈Nella Fantasia〉 등등이다. 요즘은 '오페라의 유령'을 즐겨 부른다. 당연히 우리 아이들과 바이올린으로 연주하는 레파토리가 되어서 어디 가면 꼭 이런 곡을 연주한다. 노래를 부르며 난 상상한다. 내가 여주인공인 양 한껏 폼을 잡아가며. 그럼 기분이 참 좋아진다. 음악이 우리에게 주는 기쁨이다.

내가 이런 팝페라 노래를 좋아하다 보니 문화예술학교에서 성인들 대상으로 성악을 가르쳐주는 교수님을 알게 되었다. 난 수강 신청을 했다. 한학기를 수강하고 발표하는 날이 왔다. 난 K교수님과 듀엣을 하는 영광을 누렸다. 노래 제목은 〈10월의 어느 멋진 날에〉였다. 혜리와 지만이가 바이올린으로 반주를 해주었다. 난 남편에게 꽃을 선물받았다. 그날 기분은 최고였다. 왜냐하면, 남편에게 생일 말고 공연하고 꽃을 받은 적은 처음이었기 때문이다. 남편은 은근 로맨티스트다.

좋은 음악이 많다. 영어로 된 팝송도 있다. 난 요즘 아이들이 좋아하는 팝송을 같이 즐긴다. 딸은 자기가 듣는 팝송을 나에게 들려주고 가사가 너무 좋다며 부르고 다닌다. 나도 딸 덕에 팝송을 더 즐기게 되었다.

난 아이들에게 영어 공부 하라는 말을 하기보다 내가 먼저 영어 공부를 하는 편이다. 영어책을 펼치고 있으면 아이들은 말하지 않아도 본인이 해야 할 과제들을 충실히 이행한다. 그것 또한 감사한 일이다. 요즘 들어 중2 딸과 중1 아들이 사춘기가 되어서 핸드폰을 많이 쓴다. 그런데 딸은 당당하게, 자기할 일 다하고 핸드폰 쓰는 거니까 걱정하지 말라며 위로 아닌 위로를 한다. 나는 알겠다고 했다. 누나가 그러니까 동생도 본인 숙제를 다하면 놀러 나가겠다고 나에게 당당히 말한다. 그럼 나도 당당히 말한다.

"Ok, good job. You may play soccer."

"아이들은 부모가 행동하는 대로 행동하지, 부모가 말하는 대로 행동하지 않는다."라는 말에 동의한다. 영어를 좋아하지도 않고 영어로 단 한 마디도 하지 않으면서 아이에게 영어로 말하기를 강요한다면 당연히 아이는 영어로 말하지 않는다. 우리 아이가 영어를 싫어해서 고민이라고 말하기 전에, 부모가 영어를 싫어하지는 않는지, 아이에게 영어가 재미없다고 말하진 않았는지 먼저 생각하고 아이와 영어를 즐기는 방법이 뭐가 있는지 대화하며 풀어나가면 된다.

부모상담 전문가인 노규식 박사는 이렇게 말한다.

"부모는 아무것도 할 게 없다. 고민이 있다면 아무것도 하지 말고 한 가지만 해라. 아이가 따뜻한 마음을 갖고 자랄 수 있게만 해준다면 아이는 영재성이든 뭐든 훼손되거나 사라지지 않고 계속 성장할 수 있다."

난 그냥 기다리기로 했다. 우리 아이들은 성장할 부분들이 많이 있기에 서두를 필요가 없다는 것을 알았다. 우리 엄마가 나에게 그렇게 아무말 없이 따듯한 눈길로 바라봐주시고 나를 믿어주고 응원해주시고 항상 새벽마다 기도해 주신것처럼 기다리는 엄마가 되야겠다고 다짐한다.

우리 아이 영어 영재로 키우는 법

아이가 버릇없이 굴 때를 생각해보자.

What did you just do? That's not polite.

방금 뭐 한 거니? 무례하구나.

Don't be rude. Please behave.

버릇없이 굴지 마라. 바르게 행동해라.

Mom's not your friend.

엄마가 네 친구니?

You should know better than that.

분별력이 있어야 해.

What's the right way to do it?

어떻게 하는 것이 옳지?

Apologize for your behavior.

너의 행동에 대해 사과를 해.

Don't use that word in front of adults.

그런 말은 어른들 앞에서 하는 말이 아니야.

CHAPTER 04

영어교육은 '흉내 내기'에서 시작된다

딸아이가 5살 때 일이다. 당시 다니던 영어 유치원에서 체육대회를 한다고 엄마 아빠에게 초대장을 보낸 것이다. 우리 딸은 신이 났다. 우린 부모님과 함께하는 프로그램에 참여하게 되었다.

첫 번째 프로그램은 스피드 퀴즈였다. 정해진 시간 안에 동작 동사를 알아맞히는 게임이었다. 동작 동사를 써넣은 5~10장의 카드를 상자에 넣고 뽑게한다. 엄마는 카드에 쓰인 동사를 몸동작으로 보여주고 아이는 그 동작이 어떤 것인지 알아맞혀야 한다.

우리 조는 4명이었는데 내가 대표로 나가게 되었다. 그런데 아쉽게 결승전까지는 가지 못했다. 마지막 동작 단어가 'Crawl(엎드려 기다, 곤충이 기어가다)'였는데, 내가 이 동작을 빨리 흉내 내지 못해서 졌던 기억이 난다.

이처럼 신체를 사용하여 신나게 영어를 배우는 동작 동사로 된 노래도 많았다. 아이들이 따라하면서 몸으로 저절로 영어를 습득하는 방법이어서 유아들에게 인기가 있다. 나는 매일 아침 영어 동작 동사 노래를 들으면서 아침을 시작했다.

책을 읽어줄 때는 동물 소리나 사람의 특징 등을 흉내내며 읽어주었다. 그러면 아이들은 신나서 귀를 쫑긋 세우고 들었다. 혼자 하기가 처음에는 힘들었는데 CD와 DVD가 있어서 그것을 보고 흉내내면서 아이들과 같이 즐겼다.

『말문이 터지는 영어회화』 강의는 눈과 글이 아닌 큰 소리로 말하는 영어 수업이다. 정확한 영어 발음으로 단어나 짧은 문장을 큰 소리로 말하는 연습을 시작하면서 이미 머릿속에 담긴 수많은 영어 지식이 정리되는 효과를 볼 수 있다. 많은 엄마들이 "엄마가 먼저 입으로 소리 내어 일상대화를 영어로 말하니까 아이들도 영어책을 소리 내어 읽거나 일상에서 자연스럽게 영어로 말하는 것이 가능해졌다."라고 말한다.

영어는 자신이 아는 만큼 들린다. 무조건 많이 듣기만 한다고 영어가 잘 들리거나 말할 수 있는 것이 아니다. 아무리 집중해서 영어듣기를 많이 해도 잘 들리지 않는 것은 듣기 훈련 시간이 부족한 것이 아니라 영어를 입으로 말하는 기간이 짧았기 때문이고, 잘 모르기 때문에 들리지 않는 것이다. 영어 듣기 실력을 향상시키고 싶다면 영어를 큰 소리로 말하는 연습을 하자. 나도 아이들에게 영어 그림책과 동화책을 읽어줄 때 영어로 크게 소리 내어 흉내 내며 읽어주었다. 특히 의성어 같은 경우에는 크게 말해야 아이들이 더 재미있어 한다.

내가 읽어 주었던 영어 동화책은 『곰 사냥을 떠나자!(We're Going on a Bear Hunt)』이다. 작가 마이클 로젠은 줄거리를 지어내기보다는 오래전부터 내려오는 마더구스를 각색했다고 한다. 우리 아이들이 제일 좋아하는 영어 동화책 3위 안에 드는 책이다. 보통의 책들과는 다른 구성이 돋보인다. 난 보드북과 페이퍼북 2권을 소장하고 있다. 아이의 반응이 좋으면 읽어주는 부모가 덩달아 신이 나는 책이다.

We're going on a bear hunt.
곰 잡으러 간단다.
We're going to catch a big one.
큰 곰 잡으러 간단다.

What a beautiful day!

정말 날씨도 좋구나!

We're not scared.

우린 하나도 안 무서워.

반복되는 문장과 리듬이 살아 있어서 읽어주는 부모도, 듣는 아이도 흥겹다. 흑백과 컬러의 페이지가 번갈아 나오는 구성, 근경과 원경이 주고 받는 긴장감, 곰을 잡으러 갔다가 다시 갔던 길을 되돌아오는 스토리 등 탄탄한 짜임새로 우리 아이들의 호기심을 자아냈다.

흉내 내며 읽어주기에 정말 좋은 책이다. 반복되는 문장 외에 풀숲을 지날 때의 소리, 강물을 헤치고 지나가는 소리, 질퍽이는 진흙탕을 지나가는 소리 등 다양한 의성어가 나와서 아이와 함께 소리를 통해 다음 장면을 연상해볼 수도 있다. 헬린 옥슨버리 여사의 물감의 번짐이 느껴지는 잔잔한 그림이 주는 포근함도 아이들을 편안하게 했다.

이 책을 읽을 땐 항상 이불 하나가 필요했다. 아이들이 긴장하며 듣다가 곰이 쫓아오는 장면이 나오면 이불 속으로 쏙 들어갔다. 그래서 이 책을 자기 전에 많이 읽어주었다.

좋은 영어 그림책 속에는 아이들의 모방 욕구와 창의성을 자극하고 마음을 사로잡는 신기하고 흥미로운 이야기와 세계 최고의 이야기꾼들이 펼쳐내는 마치 신들린 듯한 스토리텔링이 있다. 영어 그림책 속의 이야기꾼들은 세상의 모든 아이들에게 들려주고 싶은 자신만의 이야기를 개성 넘치는 목소리로 풀어놓는다. 때로는 감미로운 속삭임으로, 때로는 우렁찬 외침으로 이야기를 한다.

아이들에게 영어 그림책과 영어 동화를 읽어주다 보니 어느새 동화의 세계로 빠져서 아이와 함께 경험하고 공유하며 정서적인 교감을 나누게 되는 나 자신을 발견했다. 일상을 벗어나 더 넓은 세상의 구석구석을 아이와 함께 여행하고 탐험하며 우리와는 다른 다양한 삶과 생각과 문화를 배우고 대화를 했다.

'흉내 내기'란 무엇일까? 말 그대로 아이들이 내레이터나 등장인물의 목소리를 들은 후 그 리듬과 박자, 느낌을 잘 살려 똑같이 따라 하는 것이다. 흉내 내기를 하는 이유는 다음과 같다. 첫째, 살아 있는 영어를 온몸으로 느끼기 위해서이다. 둘째, 정확한 표현과 발음을 구사하기 위해서이다. 셋째, 자연스럽게 영어에 귀를 열기 위해서이다.

딸은 5학년 때 필리핀으로 1년간 어학연수를 가 있는 동안 매주 금요일마다 유명한 사람들의 영어 스피치 원고를 읽고 외워서 스피킹 연습을 했다고 한다. 특히 오바마 대통령, 링컨 대통령, 처칠, 오프라 윈프리, 힐러리의 스피치 원고가 인상적이었다고 했다. 스피치 원고를 공부하는 것은 큰 축복이다. 훌륭한 위인들의 사상이나 철학을 간접적으로 배우기 때문이다.

영어책을 읽으며 쉐도잉하는 것이 아이들의 영어 듣기 발달에 좋은 학습 방법이다. 나는 아이들에게 '흉내 내기' 학습법을 알려주고 아이들을 가르친다. '흉내 내기'는 많은 연습을 해야 발전한다. 자기 스피치 원본인 것처럼 하려면 엄청난 연습 시간이 필요하다.

나는 딸이 필리핀에 있는 동안 한국에서 스피치 연습을 했다. 난 흉내 내기 할 대상이 나였다. 난 거울을 보고 흉내 내기를 했다. 딸은 필리핀에서 스피킹 대회 원고를 직접 썼다.

우리는 만반의 준비를 다하여 2018년 12월 1일 국회의사당 영어 말하기 대회에 출전했다. 그리고 딸 최고상, 엄마 최고상. 모녀 동반 최고상을 받아서 미국 선발 증서를 받는 기적같은 일이 일어났다.

대회 나갈 때 딸에게 마음가짐을 물어봤는데, 자신있고 잘할 수 있을 것 같다고 말했다. 작년(2017년)에는 자신감이 결여된 모습이었는데 이번에는 완전히 다른 모습을 보여 주었다. 나도 집에서 흉내 내기를 하도 많이 연습하니 자신감이 생기고 없던 의욕도 생겨났다. 그리고 다이어트로 체중을 10kg 감량하고 대회에 나갔다. 외모도 신경을 쓰고 싶었다. 영어 스피치이지만 강연가답게 보이고 싶었다.

우리는 이번 2020년 6월 13일 왕중왕전에 초대받았다. 이 대회는 그동안 최고상을 받은 사람들끼리 장학금 3,000만 원을 걸고 하는 정말 큰 대회이다. 그러나 코로나로 인하여 모든 대회가 취소되었다. 올해 11월로 연기되었다고 한다. 나와 딸은 대회 준비 중이다.

　　　　　　　우리 아이 영어 영재로 키우는 법

CHAPTER 05

영어 학습보다
공부 습관이 중요하다

그리스의 철학자 아리스토텔레스는 이렇게 말했다.

"탁월함은 훈련과 습관이 만들어 낸 작품이다. 탁월한 사람이어서 올바르게 행동하는 것이 아니라, 올바르게 행동하기 때문에 탁월한 사람이 되는 것이다. 자신의 탁월한 모습은 습관이 만든다."

영어에서도 탁월한 모습을 보이기 위해서는 공부에 대한 습관을 바로잡아야 한다. 그래야 영어뿐만 아니라 다른 영역에서도 탁월함을 보일수 있다.

공부도 훈련을 통해 습관을 잡는 것이 우선이다. 우리 딸은 내가 영어 공부방을 오픈하고 매일매일 규칙적인 시간에 동생과 함께 1시간씩 영어공부를 했다. 처음엔 적응을 하지 못했는데, 시간이 지나가면서 적응을 하고 곧잘 따라왔다.

영어를 잘하기 위해선 '왜' 영어를 공부해야 하는지 알아야 한다. 그런데 우리나라의 공부 방법은 '왜'라는 질문을 좋아하지 않는다. 선생님들도 일방적으로 가르치는 수업을 한다. 그래서 학생들이 수업 시간에 질문을 하지 않는다. 참으로 안타까운 일이 아닐 수 없다. 이런 수업 방법은 최악의 방법이라고 개인적으로 생각한다.

교육에 성공한 유대인의 자녀 교육법은 엄마가 아이에게 "오늘 수업 시간에 선생님께 어떤 질문을 했니?"라고 물어본다고 한다. 그럼 아이들은 신이 나서 오늘 배운 내용에 대해 선생님께 질문한 것을 부모님에게 다 얘기한다고 한다. 그러면서 다시 한 번 아이는 공부한 것을 정리한다. 이것이 그들이 말하는 '하브루타'이다.

반면에 한국 엄마들은 "수업 시간에 떠들지 않고 선생님 말씀 잘 들었지? 학원은 잘 다녀왔지?"라고 물어본다. 아이들은 이렇게 대답한다. 그것은 우리 모두가 아는 답이다. "네."

창의적이고 주도적인 질문을 하지 않으면 발전할 수 없다. 2010년 11월 12일, 미국의 대통령 오바마는 서울에서 열린 G20 수뇌회의가 끝난 뒤 기자회견을 열었다. 그리고 마지막 질문의 기회를 한국 기자에게 주고자 했다. 그런데 내로라하는 학벌의 한국 기자들은 아무도 선뜻 손을 들지 않았다. 오히려 중국 기자가 손을 들었고, 오바마는 한국 기자들에게 기회를 주기로 했으니 기다려달라며 다시 한 번 물어봤지만 여전히 한국 기자들은 손을 들지 않았다. 결국 마지막 질문의 기회는 중국 기자에게 넘어갔다.

나는 이 영상을 보면서 왜 한국 기자들은 질문하지 않았을까 생각해봤다. 그러면서 우리가 받은 교육을 되짚어봤다. 대한민국에서 학창 시절을 보낸 사람이라면 점점 질문이 줄어드는 것을 경험했을 것이다.

EBS에서 한국 대학생들의 실태를 보고하는 다큐멘터리를 방영했다. 난 그 방송을 보면서 정말 충격을 받았다. 심지어 대학에서도 학생들은 수업을 들을 때 교수에게 '왜'라는 질문을 하지 않는다고 한다. 그리고 질문을 하는 학생은 다른 학생들에게 욕을 엄청 먹는다고 했다. 수업 끝나고 빨리 가야 하는데 질문을 한 학생 때문에 늦게 간다고 불평불만 하는 것이다. 이것이 한국 대학교에서 일어나는 일이다.

우리는 경제 성장을 하면서 '왜'라는 질문을 하지 않았다. 그리고 자기주도적으로 공부를 하지 않고 대부분 부모나 선생님의 권유 등 남들의 판단에 공부를 맡겨서 탁월한 실력이 없고, 창의적이지 않고, 미래 지향적이지 않다. 그래서 글로벌 경쟁에서 뒤쳐질 수밖에 없는 것이다.

우리 아이는 평범한 아이이다. 평범한 아이가 특별해지려면 다음의 몇 가지를 갖추면 특별한 아이가 된다.

첫째, 수업 시간에 집중을 해야 한다. 딸아이가 초3학년 때의 일이다. 아이가 한참 책 읽기에 푹 빠져 있을 때였다. 딸의 담임선생님에게 전화가 왔다. 딸이 수업 시간에 책을 몰래몰래 읽고 있었다고 했다. 그래서 수업 시간에는 책을 읽지 말고, 쉬는 시간에 읽고, 수업 시간에는 수업에만 집중하라고 잘 타일렀다고 한다. 선생님은 나에게 당부의 말씀을 하시고 전화를 끊었다. 잠시 후에 딸이 학교에서 돌아왔다. 나는 이유를 물어보았다. 딸은 이렇게 대답했다.

"엄마, 책이 너무 재미있어서 못 참고 수업 시간에 책을 몰래 읽었어요. 죄송해요."

난 딸을 혼내고 싶었지만 그럴 수 없었다. 본인이 잘못을 시인하고 죄송하다고 하는데 야단칠 수 없었다. 그리고 다음부터는 수업 시간에 책을 읽지 말고, 집에 와서 읽으라고 타일렀다.

기본적인 학습 태도를 만드는 3가지 습관은 다음과 같다. 첫째, 해야 할 일은 우선순위를 정한다. 우선순위는 긴급성과 중요성을 따져 아이 스스로 판단할 수 있도록 만들어줘야 한다. 미국의 유명한 동기 부여가 스티븐 코비도 "소중한 것을 가장 먼저 하라!"라고 강조했다.

둘째, 공부의 데드라인을 정해야 한다. 반드시 시계를 옆에 두고 시간에 맞춰 공부하는 습관을 들여야 한다. 시간을 지키는 습관이 제대로 들면 그다음엔 시간을 더 단축시키는 훈련을 한다.

셋째, 수업 후 집에 와서 바로 숙제를 끝내야 한다. 하버드 대학 1,600여 명의 학생들을 대상으로 한 연구 조사에 따르면, 그들에게서 수업이 끝난 후 바로 숙제를 하는 공통적인 습관을 발견했다고 한다. 아이에게 방과후, 또는 학원이 끝난후 집에 오자마자 숙제를 끝내는 습관이 무엇보다 중요하다는 인식을 심어주어야 한다.

딸아이는 학교에서 집에 오면 먼저 숙제를 하고, 부족한 학업을 자율적으로 복습하는 공부 습관이 있다. 참 감사한 일이다. 어떤 과목을 조금 더 공부해야 성적이 오른다는 것을 알고 있어서 자기 페이스대로 공부하는 것을 좋아한다. 나는 간섭하지 않는다. 그게 딸이나 나에게 편한 것 같다. 가끔 간식을 가지고 딸아이 방을 들어가도 냉혹하게 쫓겨나기도 한다.

"엄마, 죄송한데 나가주실래요? 지금 중요한 문제 풀고 있어서요."

난 이런 말에 기분이 상하지 않는다. 오히려 딸이 내적으로 성장한 것이기에 응원을 보냈다.

그리고 공부가 다 끝난 후에는 사랑스런 딸로 돌아와서 나에게 안마도 해주고 허리도 주물러준다. 그렇게 다정한 모녀가 되어서 딸이 좋아하는 가수 BTOB 이야기를 실컷 한다. 그러면 딸은 엄청 좋아한다. 자신이 좋아하는 가수 이야기를 하니까 동질감이 느껴졌는지 말이 더 잘 통한다. 그리고 주말에는 청소년 오케스트라에 가서 바이올린 연습을 하고 우리가 잘 만드는 머랭쿠키와 마카롱을 집에서 만들어 먹으며 스트레스를 푼다. 공부 습관이 잘 배어 있는 딸이 자랑스럽다. 우리 아이는 학업뿐만 아니라 사회적으로도 더욱 성공할 가능성이 더 크다.

딸은 공감지수가 높아서 초등학교 5학년 때는 반대표로 또래 상담사를 한 적이 있었다. 학교로 상담사 선생님이 오셔서 상담하는 방법을 가르쳐주셨다고 하셨다. 어느 날 집으로 돌아온 딸은 나에게 반 친구 상담한 얘기를 해주었다.

"엄마, 나 우리 반 친구 상담해주었어."

"그래, 무슨 상담이었는데?"

"어, 친구가 남자친구랑 헤어졌다고 너무 슬프다고 해서 내가 상담해줬어."

"그래? 뭐라고 상담해줬는데?"

"이렇게 말했어. '걱정하지 마. 남자는 많아. 다른 남자 만나면 돼. 너무 슬퍼하지 마.'"

난 딸의 이야기를 듣고 배꼽 잡고 웃었다. 이처럼 영어라는 한 과목만 잘하는 것이 아니라 다양한 분야에서도 인정받는 딸이 자랑스러웠다. 공부 습관과 배우고자 하는 자세에 따라 아이의 앞으로의 인생이 변할 것을 안다. 3살 버릇이 80까지 간다는 속담이 있다. 습관을 잘 들이면 태도가 바뀌고 삶이 달라진다. 그리고 영어든 다른 공부든 잘하고 있는 나의 모습을 습관처럼 상상해보자. 그러면 그 상상이 현실로 이루어진 자신을 볼 수 있을 것이다.

아이에게 벌주는 상황을 생각해보자.

I can't stand it. You should be grounded.

도저히 못 참겠구나. 벌을 줘야겠구나.

Tell me what you did wrong.

네가 뭘 잘못했는지 이야기해봐.

Mom, I'm sorry.

엄마, 잘못했어요.

Please forgive me. I won't ever do it again.

용서해주세요. 다신 안 그럴게요.

Don't just say sorry.

말로만 잘못했다고 하지 말고.

Go write an apology letter.

가서 반성문 써오렴.(apology letter : 반성문)

CHAPTER 06

영어책 읽기가
답이다

『미래 시민의 조건』의 저자이자 서울대 국어교육과 교수였던 로버트 파우저는 외국인임에도 불구하고 한국인보다 한국말을 더 잘한다. 뿐만 아니라 도쿄대, 서울대 등 유수의 명문대에서 영어와 한국어, 심지어 일본어에 대한 교수법을 지도했다. 그의 놀라운 한국어 사용 능력에 대해 한 기자가 "어떻게 하면 그렇게 한국말을 잘할 수 있나요?"라고 질문하자 그는 잠시의 망설임도 없이 책과 신문 덕분이라고 대답했다. 모르는 단어를 찾아가며 한국의 많은 책과 신문을 읽은 것이 그의 뛰어난 한국어 실력의 비법이었던 것이다.

영어책 읽어주기는 언제부터 시작하는 것이 좋을까? 그 시기를 생각해보면 모국어인 한국어와 한국어 읽기가 어느 정도 자리 잡힌 후에 시작해도 늦지 않다는 생각이다. 나의 경우도 그러했다. 난 한글로 된 그림책, 동화책을 많이 읽어줬다. 아이가 한글로 된 그림책과 동화책을 읽기 시작하면서 본격적으로 영어 단행본부터 읽어주기 시작했다.

영어책을 읽어줄 때 유의할 점으로 첫 번째, 재미있게 읽어줘야 한다. 엄마가 영어책을 읽어주는데 재미가 없고 액션도 없으면 아이들은 딱딱한 로봇처럼 듣고만 있거나 심지어 꾸벅꾸벅 졸기도 한다.

난 아이들이 유치원에 다닐 때 당시 유행하던 '뽀로로'를 영어책으로 구입을 했다. 왜냐하면 그 당시 TV에서 인기리에 방영하던 프로그램이라서 아이들에게 엄청난 인기가 있었기 때문이다. 난 뽀로로를 영어로 읽어줄 때 캐릭터가 바뀔 때마다 목소리를 변형해서 아이들에게 읽어주었다. 결과는 대성공이었다.

우리 아이들은 크롱이랑 에디 목소리로 읽어줄 때는 배꼽을 잡고 웃기도 했다. 그리고 든든한 포비를 읽어줄 때는 부러운 듯한 눈빛으로 나를 바라보았다. 우리 딸은 루피 목소리가 나올 때는 유심히 듣다가 혼자서 따라 말했다.

진정한 영어책 읽기란 눈으로만 읽는 것이 아니라 큰 소리로 외쳐 읽고, 나아가 엄마가 읽어주는 수동적인 듣기에서 벗어나 아이 스스로 입 밖으로 쏟아 내어 말도 하고 글도 쓰면서 영어를 활용할 수 있도록 해야 한다. 큰 소리와 과장된 액션이 아이들을 더욱 즐겁고 흥미 있게 만든다.

두 번째, 아이들의 실력보다 낮은 영어책을 선정해야 한다. 우리나라 사람들은 영어책을 읽을 때 남의 시선을 지나치게 의식한다. 특히 엄마들은 다소 수준 높아 보이고 사람들에게 보여주기 좋은 책을 구입하는 경우가 많다. 하지만 이것은 잘못된 선택이다. 아이들은 자신의 영어 수준보다 조금이라도 높은 책을 읽으면 바로 흥미가 떨어진다. 책이 어렵기 때문에 관심도 없고 영어책을 멀리하게 된다.

나도 예전에 아이를 위한다고 특별하게 구입한 비싼 전집이 아까워서 어떻게든 다소 강압적으로라도 책을 읽히려 했다. 그 당시 구입한 책은 'Why?' 시리즈의 영어 버전으로 CD까지 달려나온 영어책이었다. 아이에게 읽어주려면 나까지 영어 공부를 해야 하는 책이었다. 나에게도 힘든 영어책은 스트레스였다. 그래서 우린 그 책을 좋아하지 않았다. 몇 번 펼쳐보고 책장으로 영원히 들어갔다. 당시 6살인 큰아이에게는 무리였던 책이다.

세 번째, 나이에 맞는 영어책을 읽어야 한다. 예를 들어 아이가 초등학교 3

학년인데 영어 실력이 낮다고 해서 유치원생들이 읽는 영어 동화책을 읽으면 아이는 전혀 재미를 느끼지 못한다. 단어도 쉽고 금방 해석되지만 글의 수준이 유치원생에 맞춰져 있어서 초3의 지식과 사고로는 전혀 흥미를 느끼지 못한다. 그러므로 영어책을 읽는 시기도 중요하다. 어릴 때부터 적절하게 단계를 밟아서 읽어야만 자신의 나이에 맞는 내용을 이해하면서 영어책을 읽을 수 있고 영어책 읽기에 흥미가 생긴다.

우리 아이들이 초등학교 1, 2학년때 일이다. 우리나라에서 유명한 박지혜 바이올리니스트가 우리 교회에 온 적이 있었다. 공연 시간은 저녁 7시였다. 난 박지혜 팬으로서 그녀가 우리 교회에서 20억이 넘는 독일산 바이올린으로 연주한다는 말을 듣고 약간 흥분된 상태였다. 우리 아이들도 그 당시 바이올린을 배우고 있었기 때문에 더욱 그러했다. 아이들에게 최고의 음악소리를 들려주고 싶었다.

난 아이들과 첫 번째 줄에 앉아서 감상하고 싶어서 공연 1시간 30분 전에 도착해서 자리를 잡고 앉아 있었다. 그런데 일찍 오느라고 아이들 저녁을 못 먹이고 온 것이었다. 그것이 나의 큰 실수가 될 줄은 생각도 못했다. 박지혜의 바이올린 공연이 시작되었다. 사람들의 인파는 엄청났다. 저녁밥을 못 먹고 지친 둘째가 하는 첫마디는 이것이었다.

"엄마, 배고파. 졸려."

나도 속삭이며 말했다.

"뭐라고?"
"졸려."

난 아들 말은 아랑곳하지 않고 음악에 빠져 들었다. 역시 듣던 대로 박지혜는 최고의 연주자였다. 그런데 바이올린 활과 함께 아들의 머리도 움직이고 있는 것이 아닌가! 나는 순간 얼굴이 화끈거렸다. 그리고 창피했다. 내가 맨 앞줄에 앉아 있는데 아들이 졸고 있다. 이렇게 좋은 공연을 감상하는데 졸다니… 말도 안 돼! 오 마이 갓!

공연이 끝나고 아이들과 나는 즐거운 표정이 아니라 불만이 가득한 표정으로 집으로 왔다.

"세계적인 바이올리니스트가 연주하는데 어떻게 졸 수 있니? 참 한심하다. 그것도 첫 번째 줄에서 졸면 어쩌니? 엄마가 얼마나 창피했는지 아니?"

나는 아이들에게 상처주는 말을 하게 되었다. 아이들은 피곤한지 바로 잠이 들었다. 그날 난 깊은 생각을 하게 되었다. '금강산도 식후경'이라는 말이 떠오르기도 했다. 아이들의 상황을 생각하지 않고 나의 욕심만 앞세워서 어린아이들에게 상처를 준 것 같아서 미안하다는 생각이 들었다.

부모의 욕심으로 영어 그림책 읽어주는 것이 영어 학습으로 변질되면 안 된다. 너무 학습적인 관점에서 접근하는 것은 아이의 올바른 성장을 위해서는 물론 영어교육 자체를 위해서도 결코 바람직하지 않다. 학습 같은 것은 처음부터 가급적 생각하지 말고 책 읽기로서의 영어 그림책 읽기를 즐기고 자연스러운 삶의 일부로 만들어가야 한다.

나도 욕심으로 아이에게 영어책을 읽어준 것 같다. 어느새 학습으로 변질되어서 책의 내용을 물어보고 또 물어보고, 아이에게 재차 확인을 많이 한 것 같다. 자유롭게 영어책을 읽게 놔둬야 하는데, 아이가 많이 힘들었을 것 같다는 생각이 든다.

아이가 혼자서 영어책을 읽기 시작해 가급적 많은 영어책을 꾸준히 읽어나가도록 하려면 어떻게 해야 할까? 결국 아이의 선택을 존중해야 한다. 사람은 누구나 자신이 직접 선택했을 때 무엇보다 더 큰 애정과 책임감을 느끼기 때문이다. 아이가 읽을 영어책은 아이 스스로 선택하도록 해야 한다. 어린 아이들의 경우 너무 어려운 책을 고르면 힘들 수 있어서 가급적 미리 준비된 많은 책 중에서 고르게 한다. 비록 완전한 자유 선택은 아니지만 최종 선택은 본인이 직접 하게 함으로써 애정과 책임감을 갖게 하는 것이다.

나는 한 달에 한 번은 아이와 함께 교보문고에 가서 영어책을 산다. 못 갈 때도 있지만 갔다 오면 기분이 좋다. 딸과 나는 서울 나들이를 좋아한다. 일단 서점으로 가서 서로 좋아하는 책을 맘껏 보고 책 쇼핑을 한다. 내가 딸에게 사고 싶은 영어책을 사라고 하면 본인이 좋아하는 것을 몇 권 고른다. 최종 결재는 나지만 딸이 좋아하는 책은 다 사주기 마련이다. 행복한 딸의 모습을 보면 나도 기분이 좋아진다. 그리고 강남 지하상가 쇼핑을 한다.

모든 쇼핑이 끝나고 집으로 오면 뿌듯하다. 책만 쇼핑한 것이 아니라 다른 것도 샀기에 기분이 더 고조되는 것 같다. 그러면 다음에 영어책을 사러 서점에 갈때 더 기대가 된다고 딸은 말한다. 이렇게 영어책 읽기에 재미를 더하면 아이들은 영어책 읽기를 즐기게 될 것이다. 그러면 영어 실력은 자연히 오르기 시작한다. 사가지고 온 영어책을 보며 우린 웃으며 이야기한다. 이것이 우리의 소소한 일상이다.

중국 속담에 이런 말이 있다.

"이 세상에서 가장 두려운 것은 엄마가 끝까지 함께 가지 않는 것이다."

우리 아이가 영어책 읽기가 재미있고 즐거운 습관이 되길 원한다면 아이와 끝까지 함께 가야 한다. 아이의 영어 실력과 영어책 읽기를 통한 영어 습관을 들이는 데 가장 필요한 것은 엄마의 의지와 노력이다. 늦었다고 생각하지 말고 하루하루 꾸준히 노력하면 된다. 그렇게 노력하면 분명 아이들도 엄마의 뜻에 따라주고 하늘도 도와준다. 결국 내 아이의 영어책 읽기 습관은 엄마에게 달려 있다.

CHAPTER 07

내 아이에게 맞는
영어교육법을 찾아라

딸아이는 지금은 중2 학생이다. 1년 어학연수를 다녀온 후 현재 나와 영어 공부를 하고 있다. 그리고 자기주도 학습으로 다른 과목들도 공부를 하고 있다.

우리가 흔히 '자기주도 학습'이라고 하면 단순히 혼자 자습하거나 자율 학습을 하는 능력이라고 생각한다. 하지만 대부분은 자기주도 학습이 정확히 무엇인지 잘 모른다. 자기주도 학습은 영어로 'self-directed learning'으로, 이 것은 공부를 하는 학생 자신이 학습의 방향을 잡고 학습 내용을 완전히 자신의 것으로 만드는 학습 방법이다.

그렇다면 자기주도 학습은 어떻게 해야 할까? 자기주도 학습법으로 성공한 사람들의 이야기를 유심히 들어야 한다. 민족사관학교 학생 261명의 공부 비법에 대한 연구 프로젝트를 실행한 정철희 자기주도 학습 연구회 회장은 연구 결과를 토대로 이렇게 말했다.

"1등을 하는 학생들에게는 모두 '자기주도적으로 공부하는 습관'이 있다. 이들 모두는 주입된 단순 암기 방식에서 탈피해, 학생 스스로 생각하며 깨달아가는 방식으로 공부하고 있다. 그것이 바로 스스로 공부를 하고자 하는 학습 동기이자 공부 습관이다."

이렇듯 우리 아이들 학습에 절대적으로 필요한 것은 자기주도 학습이다. 그렇다면 어떻게 해야 자기주도 학습을 제대로 실행할 수 있을까?

첫째, 가정환경이 중요하다. 학업 성취를 결정짓는 기본은 가정이다. 아이들은 가정생활을 통해 자아 개념을 확립하며 자율성과 근면성, 창의성 등을 학습하게 된다. 또한 부모는 가정에서 자녀 교육을 책임지며 자녀의 롤 모델이 된다. 이렇게 자녀에게 미치는 부모의 영향은 무척 크다.

우리 아이 영어 영재로 키우는 법

난 4년 전 우리 집을 공부방으로 만든 후 TV를 본 적이 거의 한 번도 없다. 원래는 드라마를 엄청 좋아하는 사람이었는데, 거실을 인테리어로 꾸미고 의자, 책상을 들여놓으니, 소파나 벽걸이 TV가 사라졌기 때문이다.

처음엔 가족들 모두 불편했지만, 곧 적응했다. 환경에 따라 삶이 완전히 변한다는 것을 다시 한 번 느꼈다. 난 소파에서 TV를 보는 대신에 책상에서 책을 읽었다. 그리고 아이들 가르칠 교재 연구를 했다.

이렇게 나는 성장하고 있었다. 나의 꿈이 서서히 다가오는 것도 느꼈다. 우리 아이들은 그런 나를 보고 자라서 그런지 책을 좋아하고, 밝고 긍정적이며 어떤 일이든 도전적이다.

딸아이는 이번 2020년 8월 26일 원당중학교 교내음악경연대회에서 바이올린 1위를 했다. 이런 결과를 내기까지 나도 딸아이와 호흡을 맞췄다. 매일매일 딸아이와 바이올린과 피아노 앙상블을 한 것이었다. 딸아이가 소리를 잘 못 낼 때는 내가 직접 피아노로 음을 하나씩 치면서 음정을 잡아주기도 했다. 우리는 소리가 잘 날 때까지 연습했다. 천천히 연습을 해야 한다. 그러면 확실히 정확하고 알찬 소리가 난다. 노력은 배신하지 않는다는 것을 다시 한 번 깨달았다.

둘째, 긍정적인 자아 개념을 확립해야 한다. 아이들을 가르칠 때 학생들이 하는 말을 잘 들어보면 가끔 "나는 머리가 나쁜가 봐.", "망했어."라는 말을 하는 것을 본다. 자기주도 학습이 부족한 아이들은 스스로 머리가 나쁘거나 기본 능력이 부족하다는 부정적인 자아 이미지를 갖고 있다. 자신의 모습이 마음에 들지 않으니 본인과 학업에 대해서도 부정적인 태도를 갖게 된다.

이런 부정적인 자아 개념은 열등감을 키우고, 원만한 인간관계를 형성하는데도 큰 문제를 가져온다. 그렇기 때문에 올바른 자아 개념 확립이 무엇보다 중요하다. 아이가 긍정적인 자아 개념을 갖추고 있다면 무슨 일이든 자신감 있게 행동하고, 공부든 자기주도 학습이든 그 의지를 꺾지 않고 열심히 할 것이다.

셋째, 아이에게 학습 동기와 전략을 부여해야 한다. 학습 동기는 자기주도 학습의 토대이다. 어떤 일이든 하고 싶게 만드는 마음이 바로 동기이므로 학업에 열중하게 만들려면 학습 동기가 필요하다. 그런데 요즘 아이들은 매사에 의욕이 없고 무기력함에 빠져 있는 경우가 많다.

내가 가르치는 딸과 중2 학생들에게 동기 부여를 해주기 위해 이번 기말고사에서 100점을 받으면 장학금을 준다고 말했다. 그 말을 들은 아이들은 전부 눈이 초롱초롱해져서 공부를 열심히 하기 시작했다. 결과는 대박이었다.

우리 아이 영어 영재로 키우는 법

아이들이 시험에서 다 90점을 넘기고, 우리 딸은 100점을 받아서 장학금 3만 원을 받았다. 신기하게도 아이들의 영어 점수가 확 오른 것이다.

넷째, 아이 스스로 미래를 꿈꿀 수 있어야 한다. 〈K팝스타〉나 〈슈퍼스타K〉와 같은 오디션 프로그램을 보면 10대임에도 불구하고 가수의 꿈을 이루려 노력하는 아이들이 많다. 그 열정과 노력이 놀랍고 존경을 하지 않을 수 없다.

우리 아이는 자사고를 목표로 공부를 한다고 했다. 아이가 중간고사, 기말고사를 준비하는 모습을 보았다. 문제집을 과목별로 사는 것은 기본이고 부족한 부분은 EBS로 공부했다.

딸아이는 자기주도 학습으로 공부한다. 언젠가는 딸아이가 새벽 2시쯤에 물을 마시러 나왔는데, 나와 딸은 서로를 보고 놀랐다. 난 그 당시 글을 쓰고 있었고 딸은 시험 준비로 밤을 새우며 공부하고 있었다. 잠도 줄여가면서 노력하는 모습을 보니 안쓰럽기도 하고 대견스럽기도 했다. 난 딸의 미래를 축복하고 응원한다. 반드시 원하는 꿈을 이룰 것이라고 확신한다.

몇 해 전 나에게 영어를 배우러 온 H군이 있었다. H군은 그 당시 대형 입시영어학원에 다니다가 나에게 온 것이었다. 그곳은 아주아주 잘하는 최상위 아이들 위주로 수업을 하다 보니까 3~6개월을 버티지 못하고 그만두는 경우가 너무 많았다. H군도 그런 케이스였다. 초등학교 6학년 때였는데 단어를 너무 많이 외우게 하니 스트레스가 쌓여서 결국 학원을 그만두고 나에게 영어를 배우러 왔다. 그 이야기를 듣고 안타까운 마음이 들었다.

난 나의 방식대로 H군의 실력을 파악한 뒤 H군에게 맞는 수준의 어휘, 영문법, 독해, 듣기를 가르쳤다. 결과는 너무 좋았다. 이번 중2 기말고사에서 96점을 받은 것이다. H군의 어머니는 감사 전화를 주셨다. 난 H군이 잘 따라와서 가능했다며 성실히 따라준 H군 칭찬을 했다.

난 그냥 영어 선생님이 아니고 동기 부여 영어 선생님이다. 잘하는 아이에게는 잘하는 만큼 가르치고, 못하는 아이들에게는 기초 개념을 더 알려준 뒤 수업을 나간다. 그리고 칭찬과 격려를 많이 해준다. 나에게 영어를 배우러 오는 아이들이 다 영어 점수가 오를 수밖에 없는 이유다. 상담을 원한다면 010-5527-2454로 연락주면 컨설팅을 해줄 수 있다.

영어든 다른 과목이든 그 아이에 맞게 가르쳐야 학습자가 이해가 되고, 재미있는 수업이 된다. 흥미가 있는 과목들은 아이들이 공부를 하는 계기가 된다. 그래서 중요하다. 다시 한 번 공부할 기회가 생겨나는 것이다.

패자부활전을 아는가? 예전에 연예인들이 나와서 체육대회를 하는 프로

우리 아이 영어 영재로 키우는 법

그램이 있었다. 그런데 거기에서 아쉽게 탈락한 사람이 패자부활전을 통해서 결국 승리하는 모습을 보고 시청자들은 감동을 받는다. 영어 점수가 바닥이라도 다시 한 번 시작하면 된다는 마음, 나는 할 수 있다는 마음만 가지고 공부하면 된다.

잊지 못할 올림픽 경기가 떠오른다. 펜싱 올림픽 금메달전 경기에서 박상영 선수가 혼잣말로 "할 수 있다!"를 외치며 자신에게 주문을 걸 때 난 눈물이 났다. 상대방 선수는 1점만 더 따면 승리, 박상영 선수는 4점을 따야 동점, 분명히 지고 있는 상황이었다. 그 순간에 그는 "할 수 있다!"를 연신 외치며 포기하지 않고 끝까지 경기에 임했고, 결국 금메달을 따서 온 국민을 감동의 도가니로 몰고 갔다.

포기하지 않고 간다면 결국 영어도 잘할 수 있다. 끝까지 가는 것이 문제이다. 그래서 아이와 선생님과 엄마가 3박자가 되어서 함께 걸어가야 하는 것이다. 아이 혼자만 남겨두고 마라톤을 하게 해서는 안된다. 든든한 지원군이 되어 긴 싸움에서 체력 소비를 줄이며 결승점까지 갈 수 있게 도와주어야 한다.

H군은 나와 같이 서울로 영어 스피치 대회를 나가서 우수상을 타기도 했다. 그는 지금까지 성실하게 과제를 잘 해오고, 수업을 잘 따라오고 있다. 그

리고 영어에 흥미를 느끼고 있다. 제자가 성장하는 모습을 보니 마음이 뿌듯

하고 기쁘다.

아이가 더 노는 것을 허락받을 때를 생각해보자.

Can't I play a little more?

조금만 더 놀면 안 돼요?

I want to play for 30 more minutes.

30분만 더 놀게요.

It's starting to get fun.

막 재미있어지고 있단 말이에요.

Allow me to play a little more.

조금만 더 놀게 해주세요.

I'll study hard if you let me play more.

더 놀게 해주시면 공부 열심히 할게요.

I finished my work. So can I play more?

제 할 일을 다 했어요. 그러니까 조금 더 놀게요.

I know how you feel, but you can't play all the time.

네 기분은 알지만 항상 놀 수는 없어.

You had enough fun, I guess.

충분히 논 것 같아.

Play time is over. Get ready to go to bed.

노는 시간 끝났어. 잘 준비해.

CHAPTER 08

아이가 자기 전
30분을 이용하라

『잠자기 전 30분』의 저자 다카시마 데쓰지는 잠자기 전 30분이 뇌에 좋은 정보를 보내고, 자는 동안 기억을 강화해 창의적인 생각을 떠올리게 한다고 주장한다. 그는 '역행억제'라는 학습심리학의 개념을 소개했다. 이 이론에 따르면, 공부한 후에 다른 정보를 받아들이지 않고 바로 잠을 자는 것이 가장 효율적이라고 한다. 30분 동안 독서나 공부를 하고 잠이 들면 그 시간 동안 다른 정보를 받아들이지 않기 때문에 그 내용을 고스란히 기억에 저장할 수 있다는 것이다. 반대로 공부를 하고 나서 TV를 보거나 스마트폰을 보고 자면 그 효과가 그만큼 줄어든다고 한다.

나는 이 말의 의미를 알고 있었다. 나도 아이들이 어렸을 때 잠자기 전에 동화책을 읽어주고 자기 전에 항상 영어 동요가 나오는 CD를 들려주었다. 신기하게도 아이들은 아침에 일어나면 어제 들려줬던 영어 동요를 흥얼거리며 하루를 시작했다. 밤에 들려줬던 바이올린곡도 아침이면 흥얼거리면서 노래했다.

우리 아이들은 책을 좋아해서 밤새 책을 읽을 때가 많았다. 내가 "그만 읽고 자자."라는 말을 많이 할 정도로 책을 손에서 놓지 않고 책 읽기를 좋아하는 아이들이 되었다. 심지어 캠핑을 갈 때도 다른 곳에 갈 때도 책을 가지고 가서 읽고 잔다. 나는 우리 아이들이 이렇게 읽은 책들이 언젠가는 큰 지식이 될 것이라 믿고 더 창의적인 아이들이 되리라 의심치 않는다.

아시아 최대 갑부인 홍콩 청쿵그룹 리자청 회장은 중학교 중퇴 학력이지만 책을 손에서 놓지 않았다고 한다. 그의 아버지는 초등학교 교장 출신으로 아들에게 책에서 길을 찾으라고 항상 강조했다. 아버지의 가르침은 평생의 독서 습관으로 이어졌다. 그가 홍콩 최고의 부자로서 추앙받을 수 있었던 것은 매일 잠자기 전 30분 독서를 실현하며 살아왔기 때문이었다.

제45대 미국 대통령 당선자이자 부동산 재벌인 도널드 트럼프 역시 잠자기 전 독서를 평생 실천하는 책벌레로 유명하다. 트럼프는 어떤 약속이든 밤

우리 아이 영어 영재로 키우는 법

10시 전에는 마무리하고 집에 돌아와 잠자리에 들 때까지 무려 3시간 동안 책을 읽는다고 한다. 경제뿐만 아니라 철학과 심리학에 이르기까지 독서의 범위도 광범위하다. 도널드 트럼프가 지금의 위치에 오른 것은 독서의 힘 덕분임이 분명하다.

둘째 아이는 수학, 과학을 좋아하는 과학자가 꿈인 아이다. 어느 날 학교에서 돌아와 본인은 꼭 교내 과학 대회에 출전할 것이라고 들떠 말했다. 그러면서 과학상자를 사달라고 했다. 나는 문구점에 가서 과학상자를 샀다. 둘째 아이는 과학상자 설계도를 유심히 보기 시작했다. 그러면서 거기에 나와 있는 실습 작품들을 머릿속에 그리면서 만들기 시작했다. 저녁 먹고 시작했는데 어느새 12시가 다 되어가고 있었다. 나는 어서 자라고 말했다. 그런데 너무 재미있다고 말하면서 잠을 자지 않고 과학작품을 만들었다.

하루가 지나고 다시 학교갔다 온 둘째는 다른 작품을 만들기 시작했다. 내가 어렵지 않냐고 물었는데 설계도를 보고 만들면 쉽다고 말했다. 이렇게 매일 밤 잠 자기 전 30분에 과학상자를 가지고 설계도를 머리에 그리며 연습을 해서 교내대회에서 우승을 하게 되었다. 그리고 시대회에 나가 은상을 받았다. 감사했다.

잠자기 전 30분은 하루를 마감하는 시간일 뿐만 아니라 다음날 영향을 주는 중요한 시간이다. 그렇기 때문에 그 시간을 효율적인 학습 시간으로 사용한다면 더욱 좋다. 특히 독서나 언어를 공부하는 시간은 낮보다 밤이 제격이다. 차분하게 가라앉은 마음으로 읽는 책과 공부는 몸과 마음을 건강하게 만든다. 또한 잠들기 전 읽은 책의 내용이나 교훈이 기억 속에 깊이 정착되기 때문에 하루 중 그 어떤 시간보다 소중하다.

나 역시도 잠자기 전 독서를 중요시 해서 남편과 토론을 거의 매일 한다. 아이들을 어떻게 키울 것인지, 어떤 방식으로 교육할 것인지에 대해서 매일 밤 토론이 계속된다. 솔직히 남편보다 내가 의견을 많이 말한다. 감사하게도 남편은 나의 말을 들어주고 내 의견을 거의 다 반영한다.

아이가 영어 실력이 부족하다면 잠자기 전 30분의 시간에 영어를 더욱 매진해야 한다. 특히 언어는 매일 반복되는 습관하에 본인의 것으로 체화되기 때문에 잠들기 전 30분의 학습 효과는 다른 과목들보다 훨씬 크다. 잠들기 전 자신이 부족한 영역을 집중적으로 보충하고 잠드는 것이 좋다. 단어나 문장들을 반복해서 외워도 좋고, 문법이 약하면 문법의 개념을 다시 확인하는 것이 좋다. 듣기가 약하다면 리스닝 모의고사 CD를 틀어놓고 잠들면 더욱 효과가 좋다.

나는 아이들이 어릴 때 거의 매일 자기 전에 항상 영어 성경을 읽어주고, 영

우리 아이 영어 영재로 키우는 법

어 성경에 들어 있는 CD를 틀어주고 아이들을 재웠다. 그 효과는 정말 좋았다. 아침에 일어나면 어제 들었던 영어 성경 구절을 말하면서 다녔다. 내가 아이들 취침 30분 전에 책을 읽어주게 된 강력한 계기가 되었던 일이다.

2018년 12월 1일 국회의사당 영어 스피치 대회 준비 때도 나와 딸은 매일 자기 전 20~30분 정도 영어 원문을 보고 입으로 큰 소리를 내면서 연습했다. 우리는 서로 번갈아가면서 영어 스피치를 했다. 확실히 그렇게 하니까 서로 장단점을 말해줄 수 있어서 좋았다. 우린 서로 피드백을 해주며 연습을 계속했다. 나는 그렇게 머릿속에 스토리 내용을 입력했다. 안 되는 발음은 연습을 통하여 극복했다.

솔직히 말해 딸은 나보다 영어 발음이 좋았다. 딸은 이번이 두 번째로 다시 도전하는 영어 스피킹 대회였다. 1년 전의 딸이 아니었다. 딸은 우승할 각오로 1년 동안 필리핀에서 칼을 갈고 왔다. 모든 면에서 이미 준비되어 있었다.

문제는 나였다. 내가 연습을 더 해야 했다. 부족함을 알기에 더 열심히, 부지런히 연습했다. 걱정되는 점은 원고 내용이 아들 백내장 진단받은 뒤 8년간의 치료 과정이다보니 스피치 중에 한 번씩 감정이 울컥 올라온다는 것이었다. 이것만 극복하면 다른 것은 문제가 되지 않았다. 그러나 이것을 대회 당일 컨트롤하지 못하면 우승은 물 건너가는 것이었다. 즉 감정 컨트롤을 하는 것이 관건이었다.

처음에는 잘 몰랐는데 연습하다 보니 어떤 부분에서 계속 감정이 올라오는 것을 느꼈다. 다시 한 번 연습하니 점점 그 강도가 약해지는 것을 느꼈다. 그 다음 연습 때는 감정이 올라오는 것이 없어졌다. 감정을 컨트롤 할 수 있게 된 것이었다. 우리 딸은 마지막 피드백 때 내 스피치가 더 나아졌다고 웃으면서 말했다. 잘한다고 나를 칭찬해주는 딸이 나에게 큰 힘이 되었다.

나와 딸은 상상의 힘을 알고 있었다. 우린 이지성 작가의 『꿈꾸는 다락방』을 읽었는데 그 책에는 생생하게 꿈을 꾸면 그 상상했던 일이 현실이 된다고 했다. 나와 딸은 대회까지 남은 날을 세면서 잠자기 전 30분 우리가 우승하는 장면을 상상하며 스피치하는 모습을 생생히 꿈꾸었다. 그리고 정말 상상한 대로 2018년 12월 1일 국회의사당에서 열린 영어 스피치 대회에서 딸도 최고상, 나도 최고상, 최초로 모녀가 동반 최고상을 받아 미국 선발 증서를 받는 기적 같은 일이 일어났다.

아이가 외모 고민을 할 때를 상상해보자.

I want to be taller.

키가 좀 더 컸으면 좋겠어요.

I want my skin to be whiter.

나는 피부가 더 희면 좋겠어요.

I wish my eyes were bigger.

눈이 조금 더 크면 좋을 텐데.

Am I ugly, Mom?

엄마, 나 못생겼어요?

You're adorable the way you are.

넌 지금 이대로도 사랑스러워.

I'm jealous of my pretty friends.

예쁜 친구들이 부러워요.

You have your own charm.

넌 너만의 매력이 있단다.

축하합니다　새계예능교류협회

초6년부　최고　상

출연번호	이 름	점 수
280	김아영	89.36
285	한혜리	89.30
286	임승훈	89.30

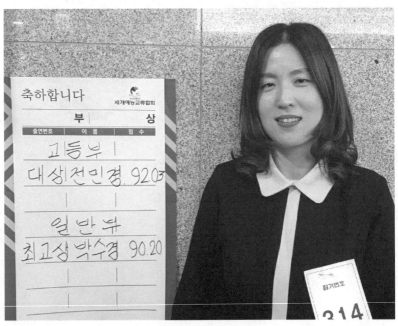

축하합니다　새계예능교류협회

부　상

출연번호	이 름	점 수
고등부		
대상	전민경	92.03
일반부		
최고상	박수경	90.20

PART 5.

1%의 영재는
99%의
노력으로
만들어진다

CHAPTER 01

영어보다 더 큰 꿈을 생각하라

우리 시대의 진정한 성공이란 무엇을 말하는 것일까? 특히 요즘은 물질적인 가치, 즉 돈을 빼놓고는 성공을 논하기 어려운 시대이다. 물론 소소한 행복에 만족하며 살아가는 것을 가치로 생각하는 사람들도 있지만, 성공한 사람을 떠올리면 모두 돈이 많은 것을 알 수 있다. 즉 성공한 사람들은 경제관념이 있고, 돈의 흐름을 아는 사람들이라는 말이다.

유대인들은 아주 성공한 민족이다. 유대인들은 약 1,500만 명으로, 세계인구의 0.2%밖에 되지 않는 소수지만 노벨상 수상자들 중 대략 20%의 비율을 차지하고 있다. 게다가 하버드, 아이비리그 같은 명문대학의 전체 학생 중 약 22%가 유대인이다. 유대인은 어떻게 이렇게 성공하고 있는 걸까? 다큐멘터리 방송과 많은 책에서는 '하브루타'를 그 이유로 꼽는다.

하브루타는 1:1로 짝을 지어 토론하는 것을 기본으로 생각과 의견을 나누는 것이다. 하브루타는 유대인들이 지금껏 지켜온 세계 최고의 교육과 문화를 유지하는 방법이다.

난 주말에 무엇을 하고 놀면 좋을지 아이들에게 자유롭게 질문한다. 그런데 아이들이 서로 다른 곳을 가기를 원해서 의견 충돌이 있었다. 이럴 땐 어떻게 하면 좋을까? '나는 지금 어떻게 하고 싶은가?'부터 '지금 상황에서 나는 무엇을 할 수 있는가?'까지 생각해야 한다. 난 아이들에게 이렇게 말했다.

"얘들아, 엄마랑 같이 등산 갈래?"

딸이 하는 말.

"너무 힘들어서 등산은 안 갈래요. 전 책 읽는 것이 좋으니까 도서관에 데려다주세요."

아들이 하는 말.

"전 아빠랑 자전거 타고 놀게요."

결국 난 혼자서 등산을 갔다. 혼자 가는 등산도 나름 좋다. 우리는 각자 의견에 존중하고 서로 원하는 방향으로 스케줄을 잡고 주말을 즐겼다. 다른 사람이 필요로 하는 것을 생각하고 배려하는 것은 결국 사업의 성공요인이다. 나는 하브루타가 단순한 공부 방법이 아니라 인생을 경영하는 방법이라고 생각한다.

나는 얼마 전 김금선의 강의에서 자선이 자존감이 되는 이유를 듣고 정말 감동을 많이 받았다. 유대인은 '쩨다카(tzedakah : 기부, 자선이라는 뜻의 히브리어)'라는 자선 교육으로 경제를 가르친다고 한다. 유대인 아이들은 아주 어려서부터 용돈을 받으면 일부를 기부한다. 그러면서 '아, 나는 어려운 사람을 돕는 참 괜찮은 사람이구나.'라는 생각을 하게 된다. 실로 어마어마한 자존감 수업이라고 할 수 있다. 세상과 함께 사는, 동시대 사람들을 배려하는 마음으로 진정한 리더로 성장하고 있는 것이다. 이러한 논리와 사람에 대한 배려와 상황에 대한 판단으로 유대인은 어마어마한 성공의 경험을 만들고 있다.

나는 나만의 방법으로 우리 아이들에게 경제 교육을 시킨다. 첫 번째는 아이들과 함께 많은 돈은 아니지만 한 달에 3만원씩 캄보디아에 있는 우리 딸보다 1살 어린 여자아이에게 후원을 한다. 사진으로 봤는데 마음이 가는 친구였다. 그 친구는 선생님이 꿈이라고 했다. 엄마랑 아빠는 돈을 벌러 도시로 나가셨는데 소식이 끊겼다고 한다. 그래서 할머니랑 사는데 돈이 없어서 학교에 가지 못하는 상황이었다. 그 친구는 감사하다고 우리 집으로 편지를 보내왔다. 우리는 그 편지를 보고 감동을 받았다. 그 친구가 꼭 꿈을 이루길 소망한다. 포기하지 않으면 꿈은 이루어질 것이다.

두 번째는 장난감 가게에 가면 바로 사주고 싶지만 참는 법을 가르쳐준다. 참으면 돈이 들어오는 방법을 가르친다. 난 아이들 앞에서 핸드폰으로 똑같은 장난감을 검색해서 최저가를 보여주며 말한다.

"얘들아, 이 장난감 지금 당장 사면 5만 원인데 집에 가서 인터넷으로 주문하고 이틀만 기다리면 4만 5천 원으로 살 수가 있어. 5천 원이 남는 거야. 남는 돈 5천 원은 너희 용돈으로 줄게. 너희 생각은 어떠니?"
"좋아요 엄마. 정말 5천 원 주시는 거에요?"
"그럼, 장난감도 갖고 5천 원도 받고."

이런 걸 보고 일석이조라고 했던가? 우리 아이들은 이렇게 어렸을 때부터 장난감을 사고 남은 돈을 통장에 모았다. 이렇게 하니까 아이들이 돈을 소중히 여기고 장난감을 소중히 다루며 놀았다.

꿈이 있는 사람은 언제나 밝고 명랑하며 부지런하다. 그리고 포기하지 않고 계속 노력하여 결국은 꿈을 이룬다. 대한민국 최초의 프리미어리거 박지성. 그는 학창시절 내내 왜소한 체격 때문에 신체 콤플렉스에 시달려야 했다. 고민 끝에 그는 자신의 왜소한 체격을 기술로 승부하고자 마음먹었다. 그때부터 그는 한순간도 공과 떨어지지 않으려고 노력하고 또 노력했다.

초등학교 때부터 고등학교 시절까지 축구공은 그의 신체 일부분이나 마찬가지였다. 꼭 운동장이 아니어도 공만 있으면 집주변이, 방 안이 훈련장이었다. 그는 공을 떨어뜨리지 않고 무릎과 발등으로 트래핑하며 집 주변 돌기, 방 안에서 헤딩으로 공 컨트롤하기 등 훈련을 거듭했다. 그가 가장 집중해서 훈련한 것은 짧은 거리의 패스, 단거리 달리기, 헤딩, 볼 컨트롤 같은 기본기였다. 하루는 한 친구가 그에게 물었다.

"너는 왜 하나마나한 연습만 하고 있니?"

친구들은 매일 같은 훈련을 되풀이하는 그를 보며 도무지 이해가 안 간다는 표정을 지었다. 하지만 그는 남들 시선에도 아랑곳하지 않고 늘 기본기 훈련에 최선을 다했다.

그런 그의 노력은 고등학생이 되자 빛을 발하기 시작했다. 고등학교 2학년 때 팀의 주전으로 발탁된 것이다. 그리고 2001년 당시 무명에 가까웠던 박지성은 히딩크 감독에게 발탁되어 한국 축구를 대표하는 슈퍼스타로 성장하기에 이른다.

나는 사실 피아노를 전공했다. 처음 피아노를 시작한 것이 초등학교 4학년 때이다. 지금은 어림 없는 이야기일 것이라 생각된다. 우리 동네는 시골 중 시골이라서 피아노 학원이 없었다. 나의 첫 번째 피아노 선생님은 이옥환 선생님이었다. 선생님은 피아노 3대를 놓고 선생님 집에서 동네 아이들과 나를 가르쳐주셨다. 난 피아노 배우는 시간이 너무 행복하고 즐거웠다. 왜냐하면 피아노를 칠수록 진도가 빨리 나가고 아름다운 곡들을 연주하면 자신감이 넘치고 행복했기 때문이다.

우리 동네에서는 내가 피아노를 제일 잘 쳐서 교회 대예배 반주를 하게 되었다. 피아노를 배운 지 5개월 만에 대예배 반주를 했다. 감사한 것은 교회 담임 목사님께서 다음주 예배 때 찬송할 곡을 미리 알려주셔서 미리 연습을 하고 어렵지 않게, 당황하지 않고 대예배를 드릴 수 있었다는 것이다. 지금도 감사한 마음이 있다. 나를 위해 진심으로 기도를 많이 해주신 김종남 목사님께도 감사를 드린다. 이런 과정에서 난 반주 악보가 없는 어떤 곡을 줘도 즉흥적으로 코드를 잡아 반주할 수 있는 능력이 길러졌다.

이 소문은 널리널리 퍼져서 다른 교회에서 하는 청소년 수련회 때도 반주자 섭외 1순위가 되었다. 친구들과 언니들은 교회에 가면 항상 피아노를 쳐달라고 부탁했다. 난 피아노 명곡집에 나온 〈엘리제를 위하여〉, 〈결혼 행진곡〉, 쇼팽의 〈즉흥 환상곡〉 등을 많이 들려주었다. 그러면서 난 내 꿈인 멋진 피아니스트를 상상했다.

나는 석문중 2학년 때부터 전공 레슨을 받으러 시내 가는 버스를 탔다. 일주일에 2번씩 멀미를 하면서 왕복 2시간이 넘는 거리를 다녀야만 했다. 그래도 난 즐거웠다. 내 꿈에 한 발자국씩 다가가고 있었기 때문이다. 그러다 고2가 되었다. 난 우연히 엄마 아빠가 싸우는 소리를 듣게 되었다. 그 당시 가정 형편이 기울어져서 피아노 전공 레슨비를 낼 형편이 안 된다는 것을 알았다. 난 자존심이 상했다. 우리 집에 돈이 없는 것이 싫었다.

그날은 선생님이 나에게 교수 레슨을 받으라고 권한 날이었다. 지금도 교수레슨은 비싸지만 그때도 교수 레슨은 엄청 비쌌다. 난 엄마랑 상의한다고 말씀드렸다. 집으로 온 나는 엄마에게 말했다.

"엄마, 오늘부터 피아노 그만할게요."
"무슨 일 있었니?"
"아니요, 저 피아노에 재능이 없는 것 같아요! 아무리 노력해도 안 되네요."

엄마는 아무말 없이 저녁을 차려주셨다. 난 매일 아침 6시 50분 첫차를 타고 등교를 했다. 그날도 집 밖을 나서는데 엄마가 하얀 봉투를 주셨다.

"수경아, 이거 피아노 선생님 갖다드려."

난 하얀 봉투를 열어 보지도 않았다. 마지막 레슨비인가보다 생각했다.

"선생님, 이거 엄마가 갖다드리래요."

난 피아노 선생님께 이 봉투를 전해드리고 그동안 감사했다고 말하고 당당히 나오려 했다. 봉투를 받아 든 선생님은 봉투를 열어보셨다. 봉투에는 레슨비가 아닌 우리 엄마가 밤새 쓰신 손편지가 있었다. 다들 짐작하시겠지만, 수경이의 꿈이 피아노 전공하는 건데 하나님의 은혜로 여기까지 온 수경이를 잘 가르쳐달라는 내용이었다.

선생님은 눈물을 흘리며 편지를 읽으셨다. 그리고는 나에게 교수 레슨을 권하지 않고 앞으로 선생님만 믿고 따라오라고 말씀하시며 스파르타식으로 나를 가르치셨다.

나는 다시 내 꿈을 붙잡았다. 모든 것이 감사했다. 그날 바하의 곡을 배우

우리 아이 영어 영재로 키우는 법

면 내일까지 외워 오라고 하시고, 나를 다른 입시생들과는 달리 가르치셨다. 따라가기가 힘들었다. 하지만 다른 방법이 없었다. 이 길밖에 없었다. 난 간절히 기도하며 매일매일 적어도 5시간씩 연습했다. 그래서 마침내 하나님의 은혜로 국립사범대 음악교육과에 당당히 합격하였다.

나는 운이 좋아 기도하는 좋은 엄마, 열정적인 선생님을 만나서 내 꿈을 이루었다. 엄마와 박순옥 선생님께 너무 감사드린다. 꿈을 포기하지 않는다면 기회가 와서 꿈이 이루어진다.

CHAPTER 02

10년 후
아이의 미래를 생각하라

"아버지, 혜리 1년 동안 필리핀으로 어학연수 가요."

남편이 말했다.

"뭐라고?"

아버님이 말했다. 우리 아버님은 귀가 잘 안들리셔서 크게 말해야 잘 들리신다.

"혜리! 다음주에! 필리핀으로! 간다고요!"

"뭐, 혜리가 외국에 간다고? 저렇게 어린 애를 어디다 보내는 거니?"

"아이고⋯ 아이고⋯. 여자아이를 혼자 보내는 것이 말이 되냐?"

어머니도 충격이셨나 보다. 나와 신랑은 최종 결정을 하고 비행기 티켓도 다 끊어서 다음 주에 떠나기만 하면 됐다. 시골에 계신 어머니, 아버님께는 인사하러 소고기를 사서 간 것이었다. 주위 사람들도 걱정 반 시샘 반으로 이렇게 말했다.

"대단하네. 딸이나 엄마나. 대단해."

그러나 속으로는 이렇게 말했을 수도 있다.

"미쳤네, 미쳤어."

난 그런 말들을 이젠 생각하지 않기로 했다. 어차피 내 인생, 혜리 인생이니까. 난 아이의 미래를 보고 아이의 꿈을 응원해주고 싶었다. 그런 엄마가 되고 싶었다. 딸을 보낸 뒤 나는 열심히 운동을 해서 10kg를 감량했다. 아침 5시에 일어나서 운동하고, 음식의 양을 조절했다. 그리고 거울을 보면서 이렇게 외쳤다.

"난 나를 사랑해!"

어느새 나의 몸은 날씬하게 변하고 있었다. 난 딸을 보러 갈 완벽한 준비가 되어 있었다.

2018년 2월 16일 설날 밤 11시. 대한항공 비행기 안에서 방송이 나왔다.

"5. 4. 3. 2. 1. 0. 비행기 이륙했습니다."

난 딸을 보러 필리핀으로 가고 있었다. 작년 12월, 초등학교 5학년 때 1년 코스로 어학연수를 간 혜리를 보기 위해서였다. 어학연수 가기 전에는 자기 전에 항상 딸을 안아주고 기도해주었는데 2개월을 그렇게 못하니 나도 딸도 서로 몹시 그리웠다. 우리는 전화 통화를 하며 그리움을 달랬다. 난 딸이 먹고 싶다는 음식을 준비해서 캐리어에 넣었다.

비행기가 필리핀에 도착하자 난 혜리네 국제학교 관계자가 피켓을 들고 서 있는 것을 발견하고 차에 올랐다. 간단한 인사를 하고 갔다. 혜리가 다니는 학교에 도착했다. 처음에 놀란 것은 가이드가 총을 차고 교문 앞에서 지키고 있는 모습이었다. 이게 제일 안전한 방법이라고 부원장님이 설명해주셨다.

혜리는 살빠진 내 모습을 보고 처음엔 엄마가 아니라고 생각했다고 한다.

'엄마는 항상 통통했는데… 저렇게 날씬한 여자는 누구지?'

난 혜리에게 다가가 엄마라고 말한 뒤 안아주었다. 가슴이 찌릿했다. 혜리 룸메이트들에게 인사도 나누었다. 혜리 잘 부탁한다고. 싸우지 말고 잘 지내라고 했다. 난 구석구석 사진을 찍었다. 혜리가 어떻게 지내는지 내 눈으로 확인하고 싶어서 온 것인 만큼. 홈페이지에서 본 대로 최신식 시설을 갖추고 있었다. 방마다 화장실과 샤워실이 딸린 좋은 곳이었다. 난 이 학교가 마음에 들었다. 혜리가 안전하게 잘 지내겠다는 확신이 들자 남편에게 전화하고 내가 찍은 사진을 전송했다.

난 학교 근처 호텔을 예약했다. 원장님은 내가 금요일에 도착했으니까 금, 토, 일은 혜리와 같이 지내라고 호텔로 데려다주셨다. 우린 2박 3일 일정을 재밌고 알차게 보냈다. 제일 좋았던 것은 수영장 이용과 마사지를 하루에 2번씩 받을 수 있었다는 것이었다. 마사지를 한 번도 안 받아본 혜리도 "엄마, 마사지 또 받고 싶어!"라고 말했다. 배려해주신 P원장님께 감사드린다.

내가 필리핀을 다녀온 후로 유학 상담이 나에게 많이 왔다. 영어를 배우는 데 유럽, 캐나다, 미국보다는 동남아시아 국가가 가성비 갑이기 때문이다. 나

역시 여기에 동의한다. 궁금한 것이 있으면 지금이라도 나에게 연락하면 상담해줄 수 있다.(010-5527-2454)

그해 9월에 삼성 코엑스에서 국제 이민, 유학박람회가 있었다. 나는 혜리네 국제학교 일일 자원봉사자로 상담을 해주었다. 그리고 컨설팅을 해주었다. P 원장님은 수고했다면서 하얀 봉투에 돈을 넣어주셨다. 나는 돈은 안 받겠다고 했다. P원장님은 내가 큰 도움이 되었다고 하셨다. 어쩜 그렇게 상담을 잘하냐고 칭찬하셨다. 나의 컨설팅으로 그날 P원장님께 등록한 학부모가 많았다.

필리핀에 가 있는 동안 혜리가 책을 보고 싶다고 전화를 했다. 무슨 책을 좋아하냐고 물어본 뒤 중고 서점에서 '해리포터' 시리즈를 사고, 필요한 물품을 이것저것 우체국 항공 우편으로 보냈다. 보낼 때 마음이 뿌듯했다.

혜리가 8월 여름방학에 잠깐 7일 정도를 쉬기 위해 한국에 들어왔다. 혜리의 일주일 귀국으로 온가족이 다 상봉하게 되었다. 해마다 2박 3일로 캠핑을 갔던 우리는 혜리 일정에 맞추어 캠핑을 갔다. 혜리 생일도 있던 터라 어머님이 혜리 생일상을 차려주셨다. 케이크는 아버님이 직접 골라주셨다. 외할머니, 이모들, 삼촌, 작은엄마 모두 용돈을 건네며 혜리를 격려해주셨다. 여름옷을 직접 골라주신 수진 선생님, 읽을 책을 사주신 태희 선생님께 감사드린다.

지금도 너무 감사드린다. 그리고 출국 날 아들 바이올린 정기 연주회가 다원 갤러리에서 있었다. 우린 비행기 시간 때문에 제일 먼저 연주를 하고 나왔다. 연주회 순서를 바꿔주시고 배려해주신 김선미 바이올린 선생님께 감사를 드린다.

이루고 싶은 확고한 꿈과 목표가 있다면 반드시 종이에 적어야 한다. 종이에 적고 이를 생생하게 꿈꾸는 것과 그저 머릿속에 담아두고 가끔 떠올려보는 것에는 엄청난 차이가 있다. 바라는 바를 이루고 싶다면 반드시 종이에 적고 생생하게 떠올려야 한다. 이는 눈에 보이지 않는 것을 시각화함으로써 꿈과 목표를 점점 명확하게 만들어줄 뿐 아니라 행동으로 이끌기 때문이다.

혜리가 필리핀으로 돌아가기 전, 스피치 대회에 다시 도전할 것을 제안하고 출전을 약속했다. 이번엔 제대로 실력 발휘할 수 있겠다는 생각이 들어서였다. 혜리는 자신있다고 말했다. 나도 이렇게 얘기했다.

"엄마도 스피치 대회 일반부로 출전할 거니까 지켜봐줘. 우리 공동 우승하자."

솔직히 혜리는 걱정되지 않았다. 문제는 나였다. 자신있게 말만 빵빵 해놓고 걱정이 생겼다. 일단 일기장에 목표를 적었다.

'스피치 대회 나가서 최고상을 받았습니다. 감사합니다.'

대회까지는 앞으로 3개월 남아 있었다. 나는 3개월 동안 힘을 다하여 스피치 연습을 했다. 토, 일은 3~4시간씩 동네 작은 도서관에서 연습을 했다. 그리고 상상을 했다. 내가 대상을 받은 모습과 청중들이 환호하는 모습, 기쁨과 설렘으로 가득 찬 모습, 내가 미국 선발 증서와 트로피를 받는 모습, 상상을 하니 가슴 속에서 무엇인가 벅차게 올라오는 듯 했다. 그리고 매일매일 일기장에 목표를 적었다. 마지막으로 거울을 보면서 이미지 트레이닝을 했다.

'난 최고의 영어 스피치를 할 자신이 있다. 난 감동을 주는 동기 부여가다. 내 스피치를 듣고 모두 감동한다. 심사위원들도 감동하여 눈물을 흘린다. 모든 것이 준비가 되었다.'

난 확신에 찼다. 드디어 딸이 귀국하여 집으로 돌아왔다. 대회 일주일 전이다. 나와 딸은 스피치 내용을 꼼꼼히 보면서 다시 연습을 했다. 딸은 완벽하게 잘 소화했다. 역시 문제는 나였다. 나는 발음을 집중적으로 연습했다. L 발음과 R 발음의 미묘한 차이를 구분해 표현해야 했다. 나는 잘 아는 원어민 선생님에게 발음을 교정받았다.

12월 1일 대망의 결전날이 다가왔다. 초6 혜리와 내 제자 중1 장은성, 그리고 나 이렇게 셋이서 출전했다. 그때 운전을 해주신 은성이 어머니께 감사드린다. 여의도 국회의사당 소회의실에서 10시부터 대회가 열렸다. 대회장 바깥의 분위기도 장난이 아니었다. 다들 오늘 스피치 원고를 달달달 외우느라 난리가 났다. 나도 마음이 쿵쿵 뛰기 시작했다. 난 일반부라 맨 마지막 순서였다. 내가 문을 열고 들어간 순간 어떤 큰 기운에 압도당하는 것 같았다. 순간 '내가 정신적인 면에서 지면 모든 것이 끝장이다.'라는 생각이 들었다. 난 마음을 진정시키고 나에게 잘할 수 있다고 응원을 해준 뒤 이렇게 마음속으로 외쳤다.

'최고상은 나의 것이다. 잘할 수 있다.'
'감동 있는 스피치로 심사위원, 청중들의 마음을 꽉 잡는다.'

혜리는 예상대로 너무 잘했고 점수도 최고상을 받아 미국 선발 증서를 받았다. 은성이도 스피치를 잘해서 우수상을 탔다. 감사했다. 드디어 내 차례가 왔다. 심장이 마구마구 뛰었다.

"일반부 박수경 연사의 스피치가 있겠습니다."

안내자가 나를 소개했다. 난 담담하게 나가서 인사를 하고 늘 하던 대로 영어 스피치를 2분 30초 동안 하고 내려왔다. 스피치를 까먹지 않고 하던 대로 했다는 것이 마음에 평안을 가져다 주었다.

결과는 놀라웠다. 나는 90.2점으로 최고상을 받고 미국 선발 증서를 받았다. 우리 모녀는 동시에 미국 선발 증서를 받고 최고상 트로피를 받았다. 난 딸과 내 자신이 자랑스러웠다. 청중 중에 한 남자가 나에게 다가와 말했다.

"아까 스피치 정말 감동받았어요. 멋지셔요."

모든 꿈은 이루어졌다. 기적 같은 일이 일어난 것이다. 어쩌면 당연한 결과일 수도 있다. 아무리 큰 꿈을 가지고 있더라도 행동하지 않으면 그 꿈은 살아 움직이지 않는다. 반면에 행동하는 꿈은 그 목표가 분명하기 때문에 지금 현실은 힘들지라도 우리 뇌가 무의식 중에 끊임없이 생각하고 방법을 찾게 된다. 혜리는 10년 후 방송 아나운서, 영어 동시 통번역가를 하고 싶어 한다. 난 3년 안에 우리나라 최고 동기 부여 강사가 되기를 꿈꾼다. 그 꿈이 이루어지기를 상상하고 소망한다.

황사가 심한 날을 생각해보자.

The yellow dust season has come.

황사 시즌이 왔구나.

The worst yellow dust storm hit the country.

최악의 황사가 전국을 강타했어.

We get sandy yellow dust in the spring.

봄에는 황사가 있어.

What is the yellow dust?

황사가 뭐예요?

It's dust winds blowing.

먼지 바람이 부는 거란다.

Dust and sand from China fly over here.

중국에서 모래와 먼지가 여기까지 날아오는 거란다.

Wear your mask today.

오늘은 마스크를 쓰렴.

Don't rub your eyes.

눈 비비면 안 돼.

Don't go outside since the yellow dust is blowing hard.

황사가 심하니 밖에 나가지 말아라.

우리 아이 영어 영재로 키우는 법

CHAPTER 03

당신도 1%의 엄마가
될 수 있다

나는 2006년 첫 아이를 낳고 행복한 결혼생활을 하고 있었다. 딸아이는 하늘에서 내려온 천사같았다. 바라보기만 해도 마음이 든든하고 행복했다. 난 결혼생활, 육아를 하며 나의 전문분야 직업은 잠시 접어두었다. 아이를 낳아보니 이 세상의 어머니들이 정말 위대해 보였다. 세상은 아름다웠다.

그러다 2007년 둘째가 태어났다. 그런데 나의 삶에 인정할 수 없는 사건이 일어났다. 둘째 아이가 선천성 백내장으로 왼쪽 시력이 없이 태어난 것이다. 날벼락같은 소식이었다. 난 우울의 늪에 빠졌다. 나의 잘못 때문에 아이가 하나님께 벌을 받는다고 생각하니 원망이 나오고 죽고 싶은 마음이 들었다. 눈물도, 기도도 나오지 않았다.

하지만 아기천사 지만이는 날 보고 방긋방긋 웃으며 '엄마 사랑해요, 힘내세요.'라고 말하는 것 같았다. 난 순간 정신을 차릴 수밖에 없었다. 지만이는 이 세상에 단 한 사람 바로 엄마인 나만 바라보고 있었기 때문이다. 내가 정신줄 놓으면 아이는 어떻게 될까? 아찔했다. 나는 마음을 다잡고 하나님께 무릎꿇고 간절히 기도하기 시작했다. 제발 지만이 시력이 회복되어 정상인처럼 생활할 수 있게 해달라고.

나와 남편은 세브란스대학병원에서 태어난 지 2개월 된 지만이 수술 날짜를 잡고 교수님의 이야기를 들었다.

"수술이 되어도 녹내장이 올 수 있습니다. 최악의 상태인 실명이 될 수도 있습니다."

수술 동의서에 서명을 하고 난 또다시 오열했다. 집으로 돌아와 남편과 처음으로 진지하게 자신의 꿈에 대해 이야기했다. 남편의 꿈은 회사 사장이라고 했다. 난 팝페라 가수가 꿈이라고 했다. 우린 그날 서로의 꿈을 듣고 격려해주고 위로해주었다. 지만이는 전신 마취를 하는 대수술을 4번 받았다. 그

우리 아이 영어 영재로 키우는 법

리고 눈가림 치료를 하루 6시간씩 했다.

난 매일매일 지만이 등짝 스매싱을 했다. 오른쪽 잘 보이는 눈에 스티커를 붙이고 시력 없는 왼쪽 눈으로 세상을 보니 답답하고 안 보여서 자꾸 오른쪽 스티커를 떼고 장난감을 갖고 놀았다. 좋게 타일렀지만 소용이 없었다. 방법이 없었다. 난 나쁜 엄마가 되기로 마음 먹었다. 하루 6시간 아이패치는 지만이에게는 유일한 치료방법이었기 때문이다. 그래서 어쩔 수 없이 등짝을 세게 때리면서 말했다.

"지만아, 엄마가 떼지 말라고 했잖아. 한 번만 더 떼면 또 때릴 거야! 알겠니?"

3살인 지만이는 너무 많이 맞아서 알아들었다는 듯이 말했다.

"응."

난 지만이를 집에서 돌보면서 5살이 된 혜리를 서산에 있는 영어 유치원에 1년 동안 보냈다. 지금 생각해보면 날마다 통학 버스를 타고 다녔으니 혜리가 힘들었을 것 같다는 생각이 든다. 집에 도착했는데도 차에서 자고 있어서 혜리를 업고 내려온 적이 몇 번 있었다. 난 아이들에게 책을 읽어주고 같이 놀아주는 엄마였지만 그래도 영어에 대한 욕심이 있었던 터라 집과 멀리 있는 영어 유치원을 보냈다. 게다가 영어회화가 부족하다며 다른 엄마들처럼 영어 회화 과외를 시켰다. 너무 과하지 않았나 하는 생각이 든다.

아이들이 유치원에 가면 남은 오전 시간 동안 책 읽기, 수영, 스피닝, 등산, 에어로빅, 헬스, 컴퓨터 자격증, 인터넷 쇼핑몰 창업, 평생교육사 자격증, 유아 피아노 자격증, 영어회화, 시 낭송 등등 여러 가지를 배우면서 삶을 풍요롭게 살고 있었다. 참 감사한 일들이 많다. 그중에서도 아이들과 함께 1년 동안 교회 오케스트라를 한 적이 있다. 혜리와 지만이는 플루트를 신청하고, 난 첼로를 신청해서 오케스트라에서 같이 연주했다. 그때를 생각하면 너무 아름답고 소중했던 시간들이었다.

난 아이들이 5~6세 때 피아노를 가르쳤다. 기본기는 나에게 배우고 진도가 나가면서는 다른 선생님께 부탁했다. 피아노 전공자이다 보니 피아노를 가르칠 때 딸에게 소리치는 나 자신을 발견하고 이러면 안 되겠다는 생각이 들었다.

아이들 초 1, 2학년 때는 본격적으로 바이올린을 가르쳤다. 우리 집으로 바이올린 선생님이 오셔서 일주일에 2번, 2시간씩 레슨을 해주셨다. 아이들의 바이올린 실력은 날이갈수록 늘어갔다. 난 운이 좋게 좋은 바이올린 선생님을 만나서 아이들이 4년 배울 것을 2년 만에 다 배울 수 있었다. 내가 대학교때 바이올린을 배워서 보잉을 내가 연습시킬 수 있었기 때문이기도 하다. 아이들이 레슨을 받으면 그날 일대일로 다시 꼼꼼히 바이올린을 연습시켰다. 그 결과 처음 나간 심훈 바이올린 콩쿠르에서 초3 지만이, 초4 혜리가 최우수상을 받을 수 있었다.

난 콩쿠르 대회 때 우리 아이들 반주자이다. 우리 아이들은 주로 협주곡을 연주를 해서 반주연습을 많이 해야 한다. 약 2주 정도는 꾸준히 해야 한다. 그래도 반주비를 안 내고 연습하니 감사하다고 한다. 기악 반주가 어려운 곡이 많다. 어려운 곡일수록 반주비를 많이 받는다. 다음 주에 있는 원중 교내 음악대회 2020년 8월 26일 3시에 중1 지만, 중2 혜리 둘 다 출전이다. 우리는 맹연습 중이다. 궁금하다. 누가 더 잘할까? 악기는 혜리 악기가 비싸다. 그런데 바이올린 실력 면에서는 동생인 지만이가 더 잘한다. 둘 다 잘하길 바라고 선의의 경쟁을 했으면 한다.

우리는 재능 기부를 한다. 교회에서 종합병원 예배를 드린다. 특별히 환우들을 위해서 예배를 1시에 드린다. 관계자분은 우리에게 찬조 출연을 부탁하셨다. 우린 흔쾌히 승낙했다. 혜리와 지만이에게 맞게 퍼스트, 세컨드 파트를 나누어 편곡해서 바이올린을 연주하게 하고 내가 피아노를 치면서 특송을 한다. 재능 기부를 하면서 그분들을 진심으로 위로한다. 우린 교회, 결혼식장, 종합병원, 요양원 등에 재능 기부를 하고 있다. 이런 재능을 주신 하나님께 감사드린다. 음악으로 사람들의 마음에 위로와 소망을 줄 수 있기 때문이다.

몇 년 전 만든 봉사단체인 '예그리나'는 나에게 많은 배움과 감동을 주었다. 계성초 5학년 엄마들 모임으로 발대식을 했다. 그곳에서 만난 인연이 지금까지도 이어지고 있다. '예그리나'는 순수 우리말로 '사랑하는 우리 사이'라는 뜻이다. 예그리나 회원은 약 20명이다.

한 달에 한 번 고아원에 가서 대청소 해주기, 아이들과 놀아주기 등등이 있었는데, 그곳에서 만난 할머니 수녀님은 정말 존경스러웠다. 사랑의 눈으로 아기들 한 명 한 명 다 특징을 파악하고 훈육 방법도 달리 하신다고 했다. 난 숙연한 마음으로 봉사를 마치고 왔다. 그리고 봉사 갈 때마다 마음이 새롭게 변하는 것을 느꼈다. 예그리나 회장 현주언니, 총무인 태희는 아이들 교육을 참 잘했다. 시청에서 좋은 프로그램이 있을 때마다 우리에게 정보를 줘서 우리가 좋은 수업을 들을 수 있도록 도와주었다. 감사한 마음을 전한다.

작년에 경쟁률이 치열했던 당진시 지원 '알지하지 프로젝트'에 당선되어서 1년 동안 수업을 듣고 아이들이 스스로 당진에서 할 수 있는 지속 가능한 발전 아이디어를 내고 영상으로 제작해서 발표회를 했다. 올해에도 '알지하지

우리 아이 영어 영재로 키우는 법

프로젝트 2' 수업을 듣고 활동하고 있다. 이번 프로젝트도 김태희 총무의 역할이 컸다.

우리 아이들의 삶의 목표는 거의 정해져 있는 것 같다. 그래서 서포트하기가 편하다. 중2 딸은 방송 아나운서, 동시통역사. 아들은 과학자를 꿈으로 정하고 앞으로 나아간다. 목표가 있으니 공부하는 방법도 달라야 한다. 딸과 아들 모두 특목고, 자사고를 생각하고 있다. 나는 아이들이 행복하고 건강하게 꿈을 향해 달려갔으면 하는 것이 제일 큰 소망이다. 난 아무리 좋은 교육도 엄마의 따뜻한 사랑만큼 위대할 수는 없다고 생각한다. 너무 부담스러운 자녀 교육법을 따라 하기보다 아이에게 맞는 교육방법을 믿고 한 걸음씩 나아가면 충분히 훌륭한 1%의 부모가 될 수 있다.

CHAPTER 04

나는 매주 아이와 함께
도서관으로 출근한다

나는 토요일이면 거의 매주 시내에 있는 도서관에 아이들과 함께 간다. 도서관에는 아이들이 좋아하는 책들이 가득하여 보물 창고와 같다. 영어책이 아니더라도 이솝 우화, 동화책, 과학 관련 책, 학습 만화, 인문 고전을 비롯하여 여러 가지 책이 가득하다.

도서관에 가면 좋은 점 5가지를 말하고 싶다. 첫 번째로 좋아하는 도서관 옆 방방이를 탈 수 있다. 아이들은 도서관 간다고 하면 무조건 방방이를 타겠다고 한다. 신이 나서 기분이 좋다고 한다. 사실 나도 방방이를 초등학교

때부터 탔지만 정말 재미있다. 트램펄린이라고도 하는데 조금만 뛰어도 몸이 둥둥 떠서 하늘을 나는 듯 기분 좋은 느낌을 가진다. 신나게 타고 나면 스트레스가 풀리는 것 같다.

아이들과 함께 도서관에 책만 읽으려고 가는 것은 아니다. 시립도서관이기 때문에 여러 가지 편의시설이 있는데 우리는 그중에서 수영장을 이용한다. 이것이 도서관에 가면 좋은 두 번째 이유이다. 아이들과 수영을 같이 하면 재미있고, 아이들에게 수영을 가르쳐줄 수 있어서 좋다. 특히 둘째는 키가 작아서 내가 잡아주어야 물에 빠지지 않는다. 아이들은 엄마와 함께 수영하는 것을 엄청 좋아한다. 나도 아이들과 교감하며 수영하는 것을 즐긴다.

아이들과 함께 도서관에 가면 좋은 세 번째 이유는 그곳에서 DVD 애니메이션 영화를 무료로 볼 수 있다는 것이다. 아이들이 좋아하는 영화도 같이 본다. 한 번은 아이들과 코믹 사극 드라마 〈허생전〉을 보았는데 너무 재미있어서 키득키득 웃고 말았다. 우리는 조용히 하라는 도서관 사서의 눈치를 보며 영화를 보았다.

내가 도서관에 가는 네 번째 이유는 시민들을 위한 질이 좋은 프로그램이 있기 때문이다. 난 도서관 수업을 신청했다. 매주 목요일 7시부터 8시까지 하는 무료수업이었다. 수업은 기대 이상으로 좋았고 수강생들의 열정도 대단했다. 신기하게도 그곳에서 수업을 들은 사람들과는 지금도 친하게 지내고 있다. 그리고 좋은 분들을 통해 훌륭한 교육 정보를 접할 수 있어서 감사했다.

스피치를 가르치는 차현미 선생님은 시 낭송도 가르치는 선생님이어서 시 낭송 수업도 듣게 되었다. 이것은 엄청난 행운이었다. 그리고 어느새 나는 시 낭송 대회를 준비하고 있었다. 지정시, 자유시 2가지를 암송하는 대회였다. 나는 신석정의 「산은 알고 있다」, 심훈의 「그날이 오면」을 낭송하며 대회 준비를 했다. 그 긴 시를 밤새 외우는 것이 재미있었다. 난 대회 나가는 것을 너무 좋아하는 것 같다.

내가 도서관에 가는 다섯 번째 이유는 그곳에서 가끔 아는 지인들을 만나면 그렇게 반가울 수가 없기 때문이다. 도서관 안에 조그만 카페가 있는데 거기서 수다를 떨면 유쾌하고 행복하다.

"한 권의 책을 읽음으로써 자신의 삶에서 새 시대를 본 사람이 너무나 많다."

『월든』의 작가 헨리 데이비드 소로의 말이다. 한 권의 책을 읽더라도 어떤 자세로 읽어야 할지 생각하게 된다. 새로운 삶을 살기 위해서는 자신의 고정관념을 깨뜨리고 지금까지의 사고방식을 버릴 수 있어야 한다. 그리고 스스로 한계를 짓지 말고 보다 유연한 사고를 가질 수 있도록 노력해야 한다. 그렇다면 어떻게 해야 사고의 틀을 깨고 유연한 사고를 가질 수 있을까?

나는 살면서 인내심을 갖고 무엇인가를 꾸준하게 해본 경험이 별로 없다. 항상 대단한 결심과 굳은 의지로 시작하지만 끝을 보지 못하고 멈춘 일들이 셀 수 없이 많다. 그러면서 나 자신에게 많은 한계를 지으며 살아왔던 것 같다.

'그럼 그렇지, 내가 뭘 할 수 있겠어. 아무래도 이 일은 나에게 맞지 않아.'

이런 식으로 합리화하며 삶과 능력에 한계를 짓고 타협하는 삶을 살았다. 이런 사고방식을 바꾸고 싶었지만 행동하지 않는 결심은 또 무너졌다.

나는 우리 집 거실을 도서관처럼 꾸미기로 결심하고 그동안 보았던 TV를 없애버렸다. 소파도 없애고 책장과 책상으로 거실을 꾸미고 언제든 책읽는 엄마, 공부하는 엄마, 레포트 쓰는 엄마로 변신하게 되었다. 내가 TV를 안 보기 시작하니까 나에게 조그만 변화가 일어나기 시작했다. 매일 일일드라마, 수목드라마, 주말드라마를 다 챙겨보던 내가 TV를 끊고 책을 보다니, 믿을 수 없는 일이 일어난 것이다. 아이들도 변하기 시작했다. 학교 갔다 오면 책을 보게 되었다. 우린 서로 할 얘기가 많았다. 밥 먹을 때 책 얘기를 많이 했다.

거실을 도서관 분위기로 만드니까 긍정적인 변화 3가지가 일어났다. 첫째, 드라마 보면서 과자 먹던 것을 끊어버리니 살이 빠지기 시작했다. 다이어트가 자동으로 되어서 신났다. 둘째, 아이들에게 영어 동화책을 읽어주다 보니 나는 어느새 방통대 영어영문과에 입학해서 새벽 2시까지 기말고사 준비를 하고 있는 학생이 되어 있었다. 이것은 정말 놀라운 일이었다. 난 사실 공부하는 것을 좋아하지 않았다. 아이들은 이렇게 물었다.

"엄마, 안 자고 뭐 해요?"
"어, 엄마 4학년 2학기 기말고사 준비하고 있어, 내일 시험이야."
"너희 먼저 자, 오늘은 책 못 읽어준다."

초등학교 4학년 딸이 이렇게 물어봤다.

"엄마, 힘들지 않아?"
"엄마 하나도 안 힘들어. 걱정하지 말고 자."

그렇게 말하고 나는 시험 공부를 계속했다. 예전의 나로서는 감히 상상할 수 없었던 일이었다. 결국 나는 4학년 2학기 시험을 잘보고 졸업 논문을 쓰고 졸업을 하게 되었다. 졸업논문으로 『주홍 글씨』를 영문으로 쓰게 되었는데, 난 이 소설을 읽고 엄청난 감동을 받았다. 한동안 그 여운이 내 마음을 울렸다. 긍정적인 변화 세 번째는 남편의 태도가 달라졌다는 것이다. 내가 열심히 기말고사 공부하는 모습을 보니까 감동을 받았는지 내가 기말고사 시험을 볼 때 컴퓨터 책상을 밝은 LED조명으로 바꾸어주며 눈 버리지 말고 공부하라고 격려를 해주었다.

도서관이 아이들에게 가져다 준 유익한 점이 몇 가지가 있다. 첫 번째, 스스로 좋아하는 분야를 터득하게 되었다. 책을 많이 읽어서 쌓인 지식을 다양한 부분에 접목시켜 활용하며 놀았다. 큰아이 초등학교 3학년 때는 책 중에서도 패브릭 소품 만드는 법, 바느질 예쁘게 하는 방법 등이 나온 책들을 빌려보고, 집에 와서 인형 옷을 만든다고 나에게 안 쓰는 옷감을 달라고 했다. 베이킹 책도 빌려서 보고 직접 머랭 쿠키와 빵 등 다양한 것을 만들어보고 우리에게 시식하라고 했다. 처음에는 실패할 때가 많았는데 이제는 수준급으로 베이킹을 잘한다.

두 번째, 시간 활용을 잘하게 되었다. 아이들이 무의미하게 시간을 보낼 때가 참 많다. 학교 끝나고 노는 것도 중요한데, 아이들이 학원 가기까지 3시간 정도 비는 경우가 종종 있다. 나는 그 시간이 아까웠다. 아이들에게 도서관에 가서 책을 읽고 오라고 말했다. 처음에는 힘들어했지만 갈수록 적응이 되어서 자투리 시간을 잘 활용했다.

세 번째, 책을 읽는 속도와 내용 파악하는 속도가 빠르고 내용 파악이 정확해졌다. 그러면서 많은 책들을 읽기 시작했다. 큰아이는 『제로니의 환상적인 모험』, '해리포터' 시리즈 등 다양한 책을 읽어나갔다. 그중에서도 'Who?' 시리즈는 정말 인기 있는 책이었다. 'Who?' 시리즈는 워낙 유명해서 널리 읽힌다. 나는 책을 느리게 보는 스타일인데 아이들은 빠른 속도로 책을 읽었다. 그것도 핵심을 잘 파악하며 읽었다. 이런 아이들이 자랑스럽다. 난 그렇게 못하기 때문이다.

네 번째, 위인전을 읽고 감동을 받아 그런 인물이 되어야겠다며 마인드 컨트롤을 하게 되었다. 큰아이는 김연아의 스토리를 보게 되었다. 김연아는 우리나라 사람들에게 꿈과 희망을 준 국민 요정이다. 힘들 때마다 자신의 꿈을 생각하며 앞으로 전진할 수 있었다. 제일 중요한 것은 넘치는 열정과 매일매일 빠지지 않고 연습한 성실함, 이것이 가장 중요한 교훈인 것 같다. 아무리 열정적인 사람이라도 행동이 없는 열정은 죽은 것에 불과하다는 것이다.

이처럼 도서관은 우리에게 많은 변화를 가져다주는 고마운 곳이다. 도서관은 우리에게 많은 사람들이 쓴 책을 보여주며 그 사람들과 소통하는 장을 만들어준다. 난 이런 도서관을 사랑한다. 나의 정신적인 건강을 지켜주는 든든한 버팀목이 되기 때문이다.

성공한 사람들의 공통점은 책을 많이 읽었다는 점이다. 힘든 일을 만났을 때 도서관에 있는 책을 펼쳐라. 그러면 책의 저자는 당신에게 달려와서 친절하게 상담해줄 것이다. 왜 힘든 일을 겪고 있는지, 문제의 해결 방법을 알려줄 것이다. 분야별 전문가가 기다리고 있으니 여러분이 어떤 분야의 저자와 미팅을 가져야 할지 깊이 생각해보길 바란다. 희망을 가지고 도서관으로 가라.

나를 희망으로 이끌어주신 〈한책협〉의 김태광 대표 코치님께 존경과 감사를 드린다. 내가 책을 쓸 수 있게 도와주시고 내 인생을 변화시켜주신 고마운 분이기 때문이다. 절망에 빠진 자들에게 희망을 주는 아주 큰 달란트를 가진 대표님을 존경한다. 도서관에서 김태광 작가를 검색하면 쉽게 그의 책을 찾을 수 있다.

소변 보는 상황을 생각해보자.

Mom, I need to pee.

엄마 오줌 마려워요.

Right now?

지금?

I can't hold it.

못 참겠어요.

I need to pee really bad.

쌀 것 같아요.

Try to pee in the center of the toilet.

변기 가운데 오줌 누도록 해.

Did you flush?

물 내렸니?

Oops! I peed on my clothes.

아이쿠, 옷에 쌌어요.

Sorry I wet the bed, Mom.

엄마 죄송해요, 자다가 오줌 쌌어요.

See? I told you to go to the bathroom.

그것 봐라. 엄마가 화장실을 다녀오라고 했잖아.

Go to the bathroom before you go to sleep.

자기 전에 화장실 다녀와.

CHAPTER 05

영어책 읽은 후
표현할 기회를 줘라

많은 아이들이 좋아하고 즐겨 시청하는 미국의 어린이용 TV 프로그램 가운데 우리에게도 널리 알려진 것으로 〈세서미 스트리트(Sesame Street)〉가 있다. 이런 교육용 프로그램은 내용도 흥미롭고 다채롭지만 그 안에 아이가 영어 알파벳을 배우고 파닉스를 쉽게 익힐 수 있도록 돕는 부분이 포함되어 있다. 아이들은 TV 프로그램을 시청하면서 흥미로운 내용을 즐길 뿐이지만 영어 알파벳에도 자연스럽게 노출되고 파닉스의 원리도 구체적인 적용 실례가 되는 단어들과 함께 반복적으로 접하게 된다.

우리 딸은 어릴 적부터 책 읽는 것을 좋아하고 동요를 틀어놓고 춤추는 것을 좋아했다. 나는 아이들과 함께 집에 있을 때는 거의 동요나 어린이 구연동화 CD를 틀어놓고 집안일을 했다. 그런데 신기하게도 영어책을 읽어준 후 CD를 틀어놓으면 의성어가 많이 나온 단어들 위주로 따라 했다. 예를 들면 동물 이야기가 나오는 부분에서는 동물 울음소리를 영어로 듣고 동물 울음소리를 따라 하는 게임을 하기도 했다.

영어책을 잘 읽으려면 재미가 있고 즐기면서 읽어야 최고의 효과를 볼 수가 있다. 각자 수준이 달라서 느리면 느린대로 빠르면 빠른대로 속도와 수준을 맞추어서 진행할 수 있다. 우리 아이는 주니어 영자신문을 봤는데, 본인의 수준에 맞춰진 영자신문이라서 도움이 많이 되었다. 영자 신문에는 QR코드가 있어서 무한반복 듣기와 딕테이션을 할 수 있어서 좋았다. 이렇게 공부를 하니 유창하게 영어를 읽을 수 있었다.

큰아이가 7살 때 일이다. 딸이 유치원에서 메이센 영어로 공부를 하고 집으로 오면 난 항상 배운 영어 교재를 CD를 통해 다시 들려주며 영어책을 읽어주었다. 아이는 고사리같은 손으로 한 줄씩 짚어가면서 CD를 따라 읽었다. 거기에 나오는 주인공처럼 흉내 내면서 따라 읽고 있었다. 그런 후 몇 달이 지나자 유치원에서 영어 구연동화 대회를 개최하게 되었다. 난 혜리랑 그동안 집에서 거의 매일 CD를 듣고 연습을 했기에 자신이 있었다.

나는 대회신청서를 작성해서 접수를 했다. 마음이 두근두근 기분 좋게 설렜다. 우리는 최선을 다해 연습했다. 중요한 자리라서 예쁜 옷도 한 벌 샀다. 드디어 대회날이 밝아왔다. 혜리는 약간 긴장한 듯했지만 대사를 까먹지 않고 율동까지 잘했다. 전날 밤에 나와 같이 몸동작도 연습했는데, 긴장한 탓인지 몸동작은 많이 하지 못했다. 그러나 당당히 대상을 받았다. 너무 감사하고 기뻤다. 본인이 노력한 만큼 결과가 잘 나와서 만족했다. 우리는 대상을 타서 장학금을 받게 되었다.

얼마 전 영어 포기자 학생(본인이 그렇게 말함)인 K군과 어머니가 상담을 왔다. 나는 영어 동기 부여 선생님이기에 이제부터라도 마음을 새롭게 하고 성실히 한다면 영어를 아주 잘할 수 있다는 말을 해주고 레벨 테스트를 했다. 레벨 성적은 좋지 못하였으나 성실하게 영어 공부를 하겠다고 약속하는 K군의 눈은 반짝반짝 빛이 났다. 그리고 K군은 성실하게 숙제를 다 해왔다.

나는 우리 학원 아이들에게 동기 부여와 자신감을 심어주기 위해서 서울에 있는 스피킹 대회에 출전하기로 했다. 그런데 부모님은 너무 좋아하시는 반면 아이들은 자신이 없는지 대회 출전을 못 하겠다는 학생들이 많았다. 난 참으로 안타깝다는 생각이 들었다. 이번에 대회에 나가면 자신감이 넘치는 아이들이 될 텐데, 영어를 좋아하게 될 텐데… 잘하게 될 텐데…

난 아이들에게 대회 출전을 하자고 다시 한 번 말했다. 몇몇 아이들은 출전하겠다고 했다. K군은 나의 엄청난 칭찬(?)과 피드백으로 스피킹 대회 나가는 것을 수락했다. 난 아이들에게 이렇게 말했다.

"너희만 대회 출전하는 것이 아니라 선생님도 대회 출전 같이 할게."

순간 아이들이 다같이 물어봤다.

"정말이에요? 선생님도 스피킹 대회 출전한다구요?"
"그래, 넌 속고만 살았니? 선생님도 스피킹은 잘하지 못해, 하지만 너희들과 함께 도전하면 재미있을 것 같아."

이렇게 말하고, 초등학생 5명, 중학생 1명, 일반부 1명 참가 신청서를 작성해서 메일로 접수했다. 우린 연습을 많이 했다. 드디어 2018년 11월, 세종대학교 광개토관 15층에서 스피킹 대회가 열렸다. 대부분의 학부모가 출전한 자녀를 격려하고 소중한 추억을 카메라에 담기 위해 오셨다. 오히려 학생보다 부모님들이 더 긴장하는것 같았다. 아이들은 영어 원고를 잊어버리지 않고 내용을 잘 암기해 스피치를 해주었다. 스피치 대회가 끝난 후 칭찬을 많이 해주었다. 정말로 아이들이 자랑스러웠기 때문이다.

아이들은 영어 자신감이 놀라울 만큼 올라갔다. 나도 할 수 있다는 자신감이 생긴 것이다. 그래서 영어를 더 좋아하고 즐기면서 공부를 하게 되었다. 영어 포기자였던 K군은 지금 상위권을 유지하며 중2 수업을 듣는다.

2018년 12월 1일 국회의사당 소회의실에서 한 나의 영어 스피치는 심사위원과 청중의 가슴을 흔들어놓았다. 나의 스피치 주제는 다음과 같다.

'I Became a Strong Mom'

Hello, everyone! I'm Sukyung Park from Dangjin Chungnam province. The topic is 'I was a girl, but now I am a strong mom'.

I was married in 2005 and had a daughter the next year. we were happy. However, the happiness did not last long.

In 2007, my son was born with a congenital cataract with no left eye sight. When I knew it, I was broken hearted. What if your child was born as a disabled child? That's when I thought God punished me because I did something wrong to the world.

우리 아이 영어 영재로 키우는 법

But then the baby was smiling at me. He was like an angel. Until my son was sick, I didn't realize that I was a mom. But, when I saw my baby smiling at me, I knew that I was the only mom in the world he could depend on.

I asked myself.

"Am I weak? Do I want to cry?" "No."

This time, the answer was no. Absolutely no. I made a vow to myself.

"If I got weak, my son would get weak. If I cried, my son would cry, too."

So, I set my mind up. And my husband and I started to pray to God.

We went to Shinchon Severance Hospital. The doctor said my son could lose his eyesight, and even if the operations went well, his eyesight would be very bad. Soon, my son went into the operation room and underwent surgery for five hours when he was three month-old.

The treatment process was long and very difficult. Because I had to fight every day with my son. I attached an eye patch on his normal right eye every day for six hours. He must look at the world with his invisible left eyesight.

So, he's left eyesight got better. He recieved treatment for 8 years and finally got healed. The doctor said it was almost a miracle.

I am proud of my son who endured the treatment well. Though he has to wear special glasses and regularly go to the hospital. I think I'm the happiest mom in the world. And I will be so for the rest of my life beside my son.

Thank you so much for bearing your time listening to my story. I hope that this story will give inspiration to all of you.

CHAPTER 06

유창한 영어 읽기를 위해 꼭 지켜야 할 5가지 다독 원칙

우리 아이들이 유창한 영어 읽기를 위한 다독에도 중요한 원칙과 방법이 있다. 특히, 다독의 세계적인 대가인 리처드 데이(Richard Day)와 줄리언 뱀퍼드(Julian Bamford) 교수는 여러 논문과 저서에서 성공적인 다독 프로그램의 특징을 다음과 같이 크게 10가지로 나누어 설명하고 있다.

'다독 원칙 10(Top 10 Principles for Extensive Reading)'

1. 읽기 자료는 쉬워야 한다.

2. 다양한 주제에 걸쳐 다양한 형태의 읽기 자료가 있어야 한다.

3. 학습자는 자신이 읽고 싶은 책을 선택한다.

4. 가급적 많이 읽는다.

5. 읽기의 목적은 주로 읽는 즐거움, 정보 습득, 내용의 전반적 이해이다.

6. 읽기 자체가 보상이 되어야 한다.

7. 빠른 속도로 읽어 나간다.

8. 각자 묵독 형태로 읽는다.

9. 교사는 학생들에게 다독을 소개하고 안내한다.

10. 교사는 읽기에서 롤 모델이 되어야 한다.

첫 번째 원칙, 영어책을 최대한 많이 읽어야 한다. 이것은 다독의 진정한 핵심이다. 많이 읽으려면 많은 시간을 투자해야 한다. 남과 비교하지 말고 가급적 닥치는 대로 영어책을 읽어야 한다.

읽는 능력이 발전하면 읽는 속도가 늘어날수록 더 많은 영어책을 읽을 수 있다. 다독하려면 영어책 읽기를 즐기는 즐독이 필요하고, 즐독하려면 영어책 읽기의 즐거움을 알아야 영어책 읽기와 사랑에 빠져야 한다. 일주일에 챕터북 3권 정도면 적당하다.

두 번째 원칙, 자신이 읽고 싶은 책을 아이가 고를 수 있게 해야 한다. 교육적으로 나쁜 책만 아니라면 무조건 아이가 흥미를 느껴 읽기를 원하는 책을 골라야 읽고 싶은 마음이 들 것이다. 전문가가 추천하는 좋은 책도 의미가 있겠지만 먼저 아이가 원하는 책으로 골라야 한다.

난 아이들과 가끔씩 교보문고에 가면 아이들이 읽고 싶은 영어 동화책 단행본을 사준다. 아이들이 읽고 싶은 영어 동화책을 고르는 시간은 행복하다. 아이들은 저마다 좋아하는 책 스타일이 있다. 우리 딸은 'Why?' 영어 시리즈 5권으로 나온 책이 있었는데 그걸 갖고 싶다고 해서 그 책을 사줬다. CD까지 있어서 본문 읽을 때도 도움이 많이 되는 책이다.

세 번째 원칙, 아이가 읽고 싶은 영어책이 많아야 한다. 좋아하는 주제와 장르의 영어책이 다양하게 갖추어져 있어야 한다. 영어책 읽기에 성공하려면 아이 스스로 영어책을 읽고 싶도록 만들어야 한다. 언제라도 원하는 책을 마음대로 골라 읽을 수 있어야 한다.

데이와 뱀퍼드가 제시한 다독의 원칙에서는 일반적인 책뿐 아니라 잡지, 신문, 비소설, 여러 가지 많은 정보와 지식을 담은 책 등 다양한 형태의 읽을거리가 있어야 한다고 말한다.

네 번째 원칙, 충분히 쉬운 책을 골라 읽는다. 여기에서 충분히 쉽다는 것은 모르는 단어의 의미를 굳이 사전에서 찾아보지 않고 계속 읽어나가도 전체적인 내용을 파악하고 읽기를 즐기는 데 문제가 없는 것을 말한다.

영어 읽기가 서툰 학습자일수록 어렵고 두꺼운 영어책에 많은 시간을 들여 한 권을 읽기보다는 쉽고 얇은 영어책을 가급적 여러 권 읽는 것이 더 바람직하다. 딱 맞는 수준이나 약간 어려운 영어책이 더 좋다고 생각하는 사람도 있다. 그렇지만 일단 많이 읽어야 읽기 능력이 발전하게 되고, 먼저 충분한 영어 읽기 능력을 갖추어야 책의 수준과 상관 없이 본인에게 필요한 영어책도 문제 없이 읽을 수 있다. 따라서 읽기 능력을 발전시키는 단계에서는 영어책의 수준도 가급적 많이 읽는 것에 도움이 되는 쪽으로 선택해야 한다.

다섯 번째 원칙, 읽는 즐거움이 가장 중요한 목적인 동시에 가장 큰 보상이 된다. 영어책의 다독에 성공하려면 읽기 자체를 즐길 수 있어야 한다. 영어책을 읽는 즐거움이 가장 중요한 목적과 동기가 되어야 한다. 읽는 것 자체가 어떤 것보다 큰 보상으로 느껴지고 다른 외적 보상이 없어도 영어책 읽기를 즐기는 것이 가능해야 한다.

데이와 뱀퍼드의 다독 원칙에서는 읽는 즐거움 외에도 정보의 습득이나 내용의 일반적인 이해가 읽기의 중요한 목적이 된다. 아이에 따라서 유용한 정보의 습득에 관심을 가진 경우도 있다. 하지만 어린 아이들의 영어책 읽기에서는 '재미'가 최고로 중요하다. 다시 말하지만 책을 읽는 '재미'와 '즐거움'이 아이들에게는 최고로 중요하다.

딸은 초 5학년 때 필리핀으로 혼자서 1년 동안 어학연수를 다녀왔다. 3월의 어느 날 필리핀에서 국제전화가 왔다. 난 무슨 일인가 걱정이 되어서 얼른 받았다. 원래 토요일, 일요일만 전화를 할 수 있는데 그날은 월요일이었다.

"여보세요?"
"엄마, 저 혜리인데요, 부탁이 있어요. '해리포터' 전집 사서 항공택배로 부쳐주세요. 여기서 읽는데 너무 재미있어요. 그런데 없는 것이 많아요."

난 딸이 걱정되어 물었다.

"알았어, 다른 필요한 것은 없니? 어디 아픈 데는 없고?"
"없어요. 전 잘지내요. 그리고 소설책 좀 사주세요. 〈도깨비〉 책으로 나온 거 2권짜리랑요."

딸은 필리핀 가기 전 드라마 〈도깨비〉를 보고 공유에게 푹 빠진 것 같았다. 난 검색을 해서 『해리포터』 중고 전집을 사고, 당시 재미있었던 드라마 〈닥터 이방인〉의 원작인 『소설 북의』, 김래원 주연의 드라마를 책으로 만든 『러브

스토리 인 하버드』, 사극 소설 『왕은 사랑한다』 등 다른 것도 준비해서 우체국에 가서 필리핀으로 항공우편으로 보냈다.

지금 딸은 '해리포터' 영어 CD를 듣고 '해리포터' 원서를 읽고 있다. 잠자기 전 항상 듣고 잔다. 본인이 영어를 즐기려고 노력하는 모습이 보기 좋다. 아직도 더 영어 공부를 해야 하지만 재미있는 판타지 소설을 영어로 읽고 듣는다는 것은 큰 축복인 것 같다. 흥미를 가지고 영어책을 읽는다는 것은 미래에 더 큰 꿈이 기다리고 있다는 것을 안다는 것이다.

아이가 재채기를 하는 상황을 떠올려보자.

I'm sneezing, Mom.

엄마, 재채기가 나와요. (sneeze : 재채기하다)

My nose is ticklish.

코가 간질간질해요. (ticklish : 간지러운)

It's probably because of the pollen.

꽃가루 때문인가 보다.

Cover your mouth with your hand.

손으로 입을 막아라.

Don't sneeze on other people.

다른 사람들 쪽으로 재채기하면 안 돼.

Watch out! There's spit going everywhere.

조심해라. 침이 사방으로 튀기잖니.

Achoo! Excuse me.

에취, 죄송합니다.

너는 특별하고
소중한 존재이다

"응애! 응애! 응애!"

2006년 8월 25일 오전 10시, 2007년 12월 15일 오전 10시. 이 두 날짜는 나의 사랑스런 딸과 아들이 태어난 날이다. 나는 겁이 많아서 자연분만을 하지 못하고 제왕절개를 해서 아이를 낳았다. 남편에게는 아이가 역아로 있어서 어쩔 수 없이 제왕절개로 낳아야 한다고 거짓말을 하고, 의사랑 수술 날짜를 잡았다. 남편에게 미안했다. 나중에 남편이 알게 되었는데 철없는 아내에게 그래도 잘했다고 웃으면서 칭찬해주었다. 나는 아이가 태어난 것을 보고 믿을 수 없었다. 내가 아이를 낳다니 정말 대단해. 나는 나 자신을 칭찬했다. 첫째 딸이 태어난 날은 병원에서 하도 우렁차게 울어서 아들인 줄 알았다고 남편이 말했다.

딸이 자는 모습은 정말로 천사와 같았다. 난 가끔씩 혼동을 했다. 정말 천국에서 천사가 나에게 내려왔구나. 이 세상에 살면서 행복하게 살다가 오라고 이 아이를 보내주셨구나. '하나님 감사합니다.'라고 기도했다.

감사를 하니 하나님은 또 둘째를 나에게 허락하셨다. 태어난 아들 소식은 기쁘지만 선천성 백내장으로 나의 가슴을 찢어지게 만들었다. 솔직히 그 당시 나는 살고 싶지 않았다. 나는 내가 잘못 살아서 하나님이 나에게 벌을 준다고 생각했었다. 장애아를 낳았다는 것을 받아들이지 못하고, 하나님을 원망하고, 차라리 나에게 이런 시련을 주시고, 할 수만 있다면 아들 눈과 내 눈을 바꿔주셨으면 하고 기도했다. 하지만 이런부질 없는 생각은 태어난 지 2달 만에 아들의 수술날짜를 잡으면서 없어져버렸다.

엄마가 된 나는 정신을 차렸다. 우는 것도 사치라는 생각이 들었기 때문이다. 신기했던 것은 태어난지 4주 만에 대학병원에서 선천성 백내장을 진단받고 수술해야 한다고 병원에서 나왔을 때 내가 다니던 교회 담임목사님이신 방두석 목사님을 병원식당에서 보았다. 목사님은 놀라면서 우리 부부에게 자초지종을 물어보고 기도를 해주셨다. 목사님께 감사드린다.

　나는 8년 동안 대학병원을 내집 드나들 듯이 다니면서 4번의 대수술을 하며 완치 판정을 받고, 지금은 당진시대 신문에 '긍정의 아이콘'이라고 기사가 났다. 난 모든 일을 긍정적으로 받아들이고 해결하는 데 소문이 나 있다. 그래서 학부모님들에게 자녀 교육 상담을 해주고 있다.

　우리 아이들뿐만이 아니라 내가 지도하는 아이들 역시 모두 하늘에서 내려온 소중하고 귀한 존재라는 것을 매 순간 느낀다. 그렇게 나는 부모가 되어 가고 있었다.

　심리학자이자 자기계발의 아버지라 불리는 웨인 다이어는 "아이들의 능력은 무한하다. 그리고 모든 아이들은 무한계의 인간으로 태어난다."라고 말했다. 그의 저서 『모든 아이는 무한계 인간이다』에는 다음과 같은 말이 나온다.

　"모든 아이는 무한계 인간의 기질을 갖고 태어난다. 무한계 인간은 자신을 제한하지 않고, 타인의 제약도 거부한다. 모든 상황에서 높은 차원의 향상심과 자신감을 갖고 있다. 자신을 진심으로 사랑할뿐 아니라 세상에 대한 애정이 있다. 또한 미지의 것을 추구하고, 신비의 세계에 강하게 이끌리며, 인생을 기적처럼 훌륭한 것으로 받아들인다."

　우리 아이 영어 영재로 키우는 법

이처럼 아이들은 어른들이 생각하지 못하는 훌륭한 자질을 많이 갖고 태어난다. 그러므로 아이들이 지니고 있는 무한한 재능을 인정하고 존중해야 한다. 아이에게 강제로 인위적인 틀에 넣어서 교육을 하려는 어른들은 정신을 차려야 한다. 어린아이나 중·고생까지도 그들의 능력이나 태도에 어떠한 한계가 없다는 점에서 아이들은 거의 완벽한 존재다.

모든 부모는 자녀가 성공한 사람으로 살기를 바라고, 그에 도움이 되는 방법들을 가르치고 싶어 한다. 그러나 학교와 학원에서 이런 능력을 쉽게 배울 수는 없다. 나도 영어를 가르치는 교사지만 솔직히 학교, 학원이 아니라 바깥 세상에서 더 많이 익힐 수 있는 것이 현실이다.

소설 『백경』의 저자 허먼 멜빌은 이렇게 말했다.

"한 척의 포경선이 나의 예일대학이고 하버드대학이었다."

즉 사람이 살아가며 경험과 체험을 통해 배우는 것이지, 일류 대학의 강의를 듣고 배우는 것이 아니라는 이야기다.

수업 시간에 가끔씩 꿈에 대해 물어보면 "꿈이 없어요.", "건물주가 되고 싶어요.", "게임만 하는 백수가 되고 싶어요."라고 말하는 아이들이 있다. 정말 우리 부모가 생각하는 것보다 훨씬 더 많은 아이들이 꿈과 희망이 없다. 하지만 이 학생들의 어린 시절을 한 번 생각해보자. 아이들에겐 정말 많은 꿈이 있었으며, 되고 싶은 것과 하고 싶은 일들이 너무나도 많았다. 이런 무한한 가능성을 지닌 아이들이 점점 자라면서 꿈과 희망이 없어지고, 하고 싶은 일조차 없어지는 상황에 이르는 것을 보면서 참으로 안타깝다는 생각을 하게 되었다.

좋은 점수나 학교 등수가 중요한 것은 아니다. 얼마든지 만회할 수 있는 인생의 기회가 온다. 그때 준비하고 있다가 기회를 잡으면 된다. 등수보다 우리 아이가 어떠한 꿈을 꾸고 있는지가 더 중요하다. 자신의 미래를 위해 소망을 품고 희망으로 앞으로 나아가는 모습이 더 중요하다. 부모님들은 우리 아이들에게 스스로가 모든 것을 이룰 수 있는 무한한 능력을 가진 '무한계 인간'이라는 것을 깨닫게 해주어야 한다.

나는 아이들에게 이렇게 말한다.

"너는 이 세상에서 하나밖에 없는 경이로운 존재이고 훌륭한 사람이란다. 너는 스티브 잡스, 빌 게이츠를 뛰어넘는 그 어떤 사람도 될 수가 있어. 네가 원하는 것 모두를 다 얻을 수 있고 무엇이든 해낼 수 있는 능력을 갖고 있단다. 네가 상상하는 모든 것은 현실이 될 수 있어."

마지막으로 두 아이의 엄마이자 선생님, 그리고 대한민국의 부모로서 우리 아이들에게 꼭 해주고 싶은 말이 있다.

"사랑스럽고 소중한 아이들아, 자신의 삶을 즐길 줄 알고 감사하는 마음을 갖고, 어떠한 상황에서도 가능성을 찾고 도전하길 바란다. 어려운 사람을 도와주고 다른 사람에게 힘이 되는 사람이 되고, 정신적, 육체적으로 모두 건강한 사람이 되길 바란다. 그리고 내가 사랑을 줄 수 있고 항상 사랑받고 있다는 것을 아는 사람이 되길 진심으로 바란다."

APPENDIX

우리 아이의
필리핀 유학기

　미국, 영국, 캐나다, 뉴질랜드, 영어권 국가들은 유학비용이 엄청 비싸다. 일반 회사원 월급으로는 감당을 하지 못한다. 난 금액 대비 기회가 많은 동남아시아 필리핀을 선택했다.

　자신의 아이가 영어를 잘하는 아이가 되었으면 하는 마음은 모든 부모들이 비슷할 것이다. 애슐리(혜리의 영어이름)는 어려서부터 책을 좋아하고, 언어에 두각을 나타내었다. 나는 그런 딸을 보며 5살에 영어에 노출시키려고 영어 유치원에 보냈다. 영어 유치원에서도 제일 눈에 띄게 잘하는 아이라고 원장님이 칭찬을 많이 해주셨다. 활동적인 아이였기 때문에 그런 것 같기도 하다. 그런 아이를 키우며 나름 고민도 많이 했다. '앞으로 어떻게 교육을 해야 하나'라고.

그런 나에게 딸이 자기 꿈이 아나운서인데 영어를 잘해야 하니까 1년 동안 어학연수를 보내 달라고 말했다. 애슐리 친구가 4학년 때 1년 동안 필리핀 마닐라에 있는 케네디 국제학교에 다녔기 때문에 나도 어학연수를 생각은 하고 있었다. 난 딸이 가고 싶다고 말하자 보내고 싶은 마음이 생겼다. 딸의 꿈을 응원하고 싶었다. 전날 기도로 후원해준 나의 엄마처럼.

애슐리는 아토피가 있어서 필리핀이 더운 나라라는 점이 걱정이 되었다. 그런데 마닐라에서 차로 1시간 30분 정도 되는 곳에 '따가이따이'라는 도시가 있다. 거기는 연평균 기온이 25도 정도가 되어서 서늘하고 공부하기 좋은 곳이라며 아는 영어 원장님이 소개를 해주었다. 자기 아들 연년생 2명을 1년 동안 보냈는데 다녀온 뒤로 영어 걱정을 안 했다고 했다. 그말을 듣고 안심이 되면서 결심을 하게 되었다. 그곳은 따가이따이의 SMI 국제 학교로 건물이 3동으로 되어 있었던 것 같다.

일반 필리핀 아이들과 유학온 아이들은 미국 정규교과(국어, 영어, 수학, 과학, 미술, 음악, 체육 등) 과정을 듣고 수업이 끝났다. 3시쯤 학교가 끝나면 모든 학생은 집으로 간다. 하지만 나는 영어를 집중적으로 배우는 ESL코스로 애슐리를 보내게 되었다. 그곳에서 하루에 10시간씩 영어를 집중적으로 배운 것 같다. 한국 아이들이 대부분 오는데 여름방학, 겨울방학 단기코스로 많이 오고, 장기로 1년, 2년, 3년 오는 아이들도 있다.

나는 12월 17일 딸을 비행기에 태워 보내고, 다음해 2월 설날 딸을 보러 대한항공을 타고 갔다. 난 혼자서 미리 딸 학교 근처의 호텔을 예약했다. 그리고 3박 4일 동안 딸과 함께 즐거운 시간을 보내고 왔다. 학비는 한 달로 치면 250만 원 정도인데 장기유학생들은 할인을 해주셨다.

대신에 수학을 추가로 배워야 했다. 거기에서도 해법수학을 일주일에 3번 정도 하고 18만 원 정도 추가해서 배웠다. 그리고 특별활동도 추가로 할 수가 있다. 예를 들면 20만 원 추가를 하면 골프를 배울 수 있었다. 한국에서 골프 배우는 것의 1/4 가격인 것 같다. 애슐리는 골프는 하지 않았다. 내가 하라고 했는데 싫다고 했다. 음악도 추가를 하면 배울 수 있다고 해서 우리는 바이올린을 가지고 갔다. 그런데 바이올린을 잘하는 선생님은 마닐라에서 오기 힘드셔서 애슐리는 바이올린을 못하고 그냥 피아노를 쳤다. 그리고 기타를 추가해서 배웠다.

월요일부터 금요일까지는 영어 집중수업을 하고, 토요일은 액티비티 데이

우리 아이 영어 영재로 키우는 법

라고 해서 아이들을 데리고 놀이공원이나 필리핀의 유명 유적지나 관광지를 데리고 다니는 프로그램을 운영했다. 아이들이 제일 신나는 날이다. 토, 일요일은 부모님과 통화를 할 수 있는 날이다. 그리고 학교생활을 잘한 아이들은 필리핀의 큰 쇼핑몰에 가서 맛있는 것을 사먹고 쇼핑을 하는 날이다. 아이들은 그 시간을 가장 좋아하고 기다린다. 난 애슐리에게 용돈을 부쳐주었다. 그리고 연신 아껴쓰라고 말했다.

애슐리가 5학년때 가서 6학년 11월달에 한국에 들어왔는데, 초등학교 졸업에 문제가 있었다. 교육청에 가서 문의를 했더니 초등 검정고시를 봐야 한다고 했다. 그래야 초등학교 졸업이 인정이 돼서 중학교에 원서를 넣을 수가 있다는것이다. 난 처음에 놀랐다. 이러다 초등학교 졸업 못하고 중학교에도 못가는 것이 아닌가. 그래서 애슐리가 초등 검정고시를 볼 수 있게 8월달에 한국에 들어오는 비행기표를 끊었다. 그리고 항공사에 전화를 걸어서 애슐리를 안전하게 공항까지 데리고 와 부모님에게 인계하는 서비스를 신청했다.

그리고 필리핀에서 오자마자 이틀 정도 쉬고 8월 첫째 주 정도에 초등 검정고시를 보러 천안으로 갔다. 시험을 보고 합격을 확인하고 잠깐 나온 김에 가족과 함께 여행으로 힐링을 했다. 한국 음식을 마음껏 먹었다. 그리고 딸은 한국에 들어온 지 7일 만에 다시 필리핀으로 공부하러 떠났다.

11월에 한국으로 아주 안전하게 귀국했다. 일요일날 귀국했는데 오자마자 월요일 초등학교 6학년 1반 곽승철 선생님 반으로 참관수업을 신청해서 12월 25일까지 초등학교를 다니다가 관내에 있는 중학교에 입학했다. 곽승철 선생님께 감사드린다. 그 당시 혜리는 참관 학생으로 학교에 갔기 때문에 선생님의 반 학생은 아니다. 하지만 선생님은 사랑이 많은 분이셔서 혜리를 잘 챙겨주고 지도해주셨다. 그래서 딸은 지금도 선생님과 연락하며 선생님의 팬으로 남아 있다. 매력적인 선생님을 만난 딸은 인복이 많은 아이다. 그 전날의 나처럼.